第 8 單元

遊戲 APP 開發入門

朱彥銘　老師

朱彥銘，國立清華大學通訊工程博士，目前任教於國立高雄第一科技大學資訊管理系。專長於資通訊技術之開發與整合，在產、官、學界服務多年，擅長將各種科技技術應用於不同領域之中。對於教育之觀念強調動手做、做中學，思考與動手並重的原則，因此對於如何能夠讓莘莘學子透過實作來增強其學習效果與提高其學習意願，進而朝向更深入之研究領域鑽研，是其一貫的信念與持續追求的。

司長序

　　技職教育係以實務教學與實作能力之培養為核心價值，相較於普通教育，「務實致用」是技職教育的最大特色。技職人才之培育，不僅是各領域實作技術之傳承與精進，更肩負起帶動產業朝向創新發展的重責大任，因此，奠定專業實作能力與創新能力，是彰顯技職教育價值的關鍵。

　　為因應世界潮流趨勢，並發展學校特色，國立高雄第一科技大學於 2010 年提出非常具有前瞻性的校務發展目標：轉型為「創業型大學」，可謂是國內推動創新創業教育的技職先鋒，也獲教育部指定為「創新自造教育南部大學基地」，成果卓越，備受肯定。在傳統重視升學的教育體制下，學生的創意及實作能力漸被忽略，導致創新能力普遍不足，感謝國立高雄第一科技大學當火車頭，引領創新創業風潮，重視學生創意思維、獨立思考及跨域學習，鼓勵學生動手做、試錯、實踐創意，充分發揮創客 (Maker) 精神，正好符應教育部「從做中學」及「務實致用」之技職教育定位，以及推動大專校院知識產業化的政策方向。

　　隨著創意、創新、創業及創客之四創教育風潮興起，相關教材使用需求大增，國立高雄第一科技大學是推動四創教育的技職標竿學校，除了提供學生完善的學習機制與環境，近年來更陸續出版多本實用的相關教材，並秉持分享交流精神，對各大專校院推動創新創業教育貢獻良多。今該校教師合力編著《創意實作》，將動手實作的精神融入課程及日常生活中，且透過一本書就能學會 9 種技能，並了解國內外創客趨勢與介紹，實是跨領域教學及學習的最佳入門書籍，值得各界大力推廣，希望以達成人人都是 Maker 為目標，帶動國內產業創新與經濟的蓬勃發展。

蔡英文總統曾表示「技職教育應該是主流教育，推崇職人是一項值得發揚的傳統，而技職教育的實力，就是台灣的競爭力」。期許未來技職教育所培育之學生，能同時具備實作力、創新力及就業力，成為產業發展的重要支柱，及國家未來經濟發展、技術傳承與產業創新之重要推力。

教育部技職司

司長　楊玉惠　謹識

2018 年 1 月

校長序

「創客」（Maker）一詞，近幾年在全球迅速崛起，創客教育更是目前最夯的教育議題，國際競爭力不再僅是技術間的相互競技，而是取決於能產出多少創新能量。想要培養創新能力，第一步就要從校園扎根做起，透過翻轉教學，培育學生主動思考、發掘問題的能力；更重要的是，鼓勵動手實作，並從失敗中汲取成功元素，充分發揮 Maker 精神。

本校自 2010 年轉型為全國第一所創業型大學，致力於培養學生的創新力、實作力、跨域力及就業力，不僅於 2015 年興建完成「創夢工場」、2016 年興建完成「創客基地」，獲教育部指定為「創新自造教育南部大學基地」，成為南台灣創業教育智庫，並於 2016 年得到國際 FabLab (Fabrication Laboratory) 全球 Maker 組織認證，全國僅本校與臺北科技大學兩所大學獲得該認證。同時，也與 180 餘所各級學校及教育局處和民間創客基地代表，於 2016 年簽署「創客教育策略聯盟」，希望能帶動南部自造運動的發展，培養新世代的自造者人才。

為提供完整的創意、創新、創業與創客四創教育，本校除開設「創意與創新學分學程」及「創新與創業學分學程」，並於 104 學年度率全國之先，首將「創意與創新」列為全校共同必修課程。「工欲善其事，必先利其器」，為因應四創教育之教學需求，本校自 2011 年起陸續出版相關教材，包括《創新與創業》、《創業管理》、《創新創業首部曲》、《服務創新》、《方法對了，人人都可以是設計師》等，希望透過這些教材輔助教學，產生事半功倍的效果，讓師生透過案例教學，激發創意與創新思維，並奠定創業的基礎知能。

「跨領域，才搶手」，業界對跨領域人才求才若渴，為了精進跨領域課程，本校邀集全校 9 位不同專業背景的老師，以「創夢工場」及「創客基地」的實作設備為主，共同合作編撰《創意實作》。目前市面上的書籍大多集中在單一專業，本書則著重在跨領域教學及學習，希望藉由淺顯易懂的方式，講解設備操作步驟，讓讀者能輕鬆學會該單元設備的基本操作及實際練習。本書從創意、創新，延伸到創意實作，是創客教育及跨領域教育必備的一本好書。

　　Maker 是一種精神，一種文化，一種生活態度，更是一種實踐能力。期許本書能成為學習動手實作的最佳幫手，為台灣創客教育貢獻一份心力，也祝福所有勇於追夢、築夢的青年朋友們，能透過本書實踐自己的夢想，創造一個無限可能的未來！

校長 陳振遠 謹識

2018 年 1 月

課程引言

在現今的社會，網路的全球化趨勢，使得國際競爭力不再是技術之間的相互競技，而是在於你能創造出多少的創新能量。當我們思考該如何在這樣的創新世代趨勢中去培養創新能力時，最大的影響力，就是從校園開始向下扎根。透過學校的教育翻轉，讓學生學會思考、學會分享、學會自己發掘問題，更重要的是，學會自己動手實作的態度。

國立高雄第一科技大學率先在 2010 年宣示轉型為「創業型大學」，致力於培育學生「具備創新的特質，以及創業家的精神」，透過課程來落實培育學生具備「創意思維、跨域合作、數位製造、創業實踐」，並於 2016 年 8 月出版了《方法對了，人人都可以是設計師》一書，透過課程的設計來培養學生達到創意思維及跨領域的合作。有鑑於學生在數位製造及創業實踐方面，較缺少動手實作的經驗，本校陳振遠校長集結了 9 位來自不同專業背景的學者專家，透過跨科系、跨專業的方式，共同編撰出以創夢工場的場域設備為主，教你如何動手實作的《創意實作》，書中有 9 個操作單元，包括風靡全球的創客運動、材質色彩資料庫、木工機具操作輕鬆學、基礎金屬工藝、3D 列印繪圖與操作、CNC 控制金屬減法加工、LEGO 運用於多旋翼、遊戲 APP 開發入門，以及在地文化資源的調查方法與應用。9 個單元皆透過由淺入深的介紹，讓讀者可以更輕鬆入門。單元從風靡全球的創客運動開始作介紹，接著進入手工具的手工製作，其中包含了木工機具的操作及金屬工藝的認識，以便了解手作精神的重要性。在學習手作單元之後，才可以進入自動化設備的學習。

了解手工設備的製作後，再開始進行機械自動化的 3D 列印加法加工及

CNC 減法加工的軟體及設備操作。透過前面所包含的手工工藝製作及 3D 加工製作，之後就可以開始強調如何透過控制化程式來驅動動力進行加工。前 7 組單元從造型、結構、機構、邏輯、組裝等動手實作練習之後，第 8 單元也透過現今 APP 市場爆炸性的發展，從中學習如何開發出易上手的 APP 遊戲。

課程透過風靡全球的創客運動、手工具的操作、自動化機械設備加工、程式控制帶動馬達、APP 遊戲過程操作，以及在地文化資源的調查方法與應用等 9 個單元，來達到玩中學、學中做的教育翻轉，俾能符應我國技職轉型高教創新的精神，亦能切合本校創業型大學願景培育學生具備創新的特質及熱忱、投入與分享的創業家精神。

本書希望能培養更多想成為自造者的年輕學子，透過《創意實作》中所介紹的 9 個由淺入深的實作課程操作練習，讓你我都可以成為這個產業趨勢中的全能自造者，並且訓練自己能擁有更多的技能專長！

單元架構

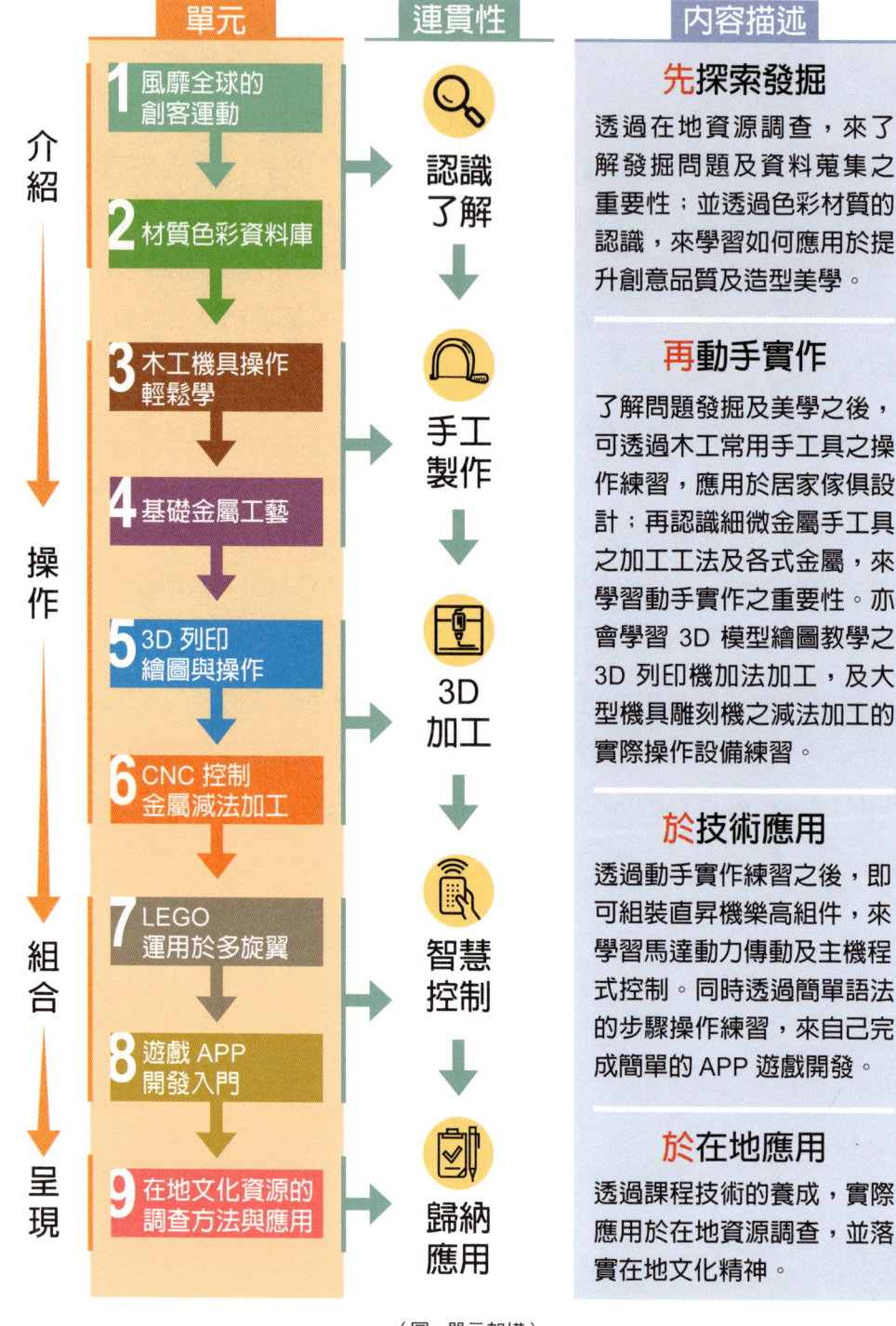

單元	連貫性	內容描述
1 風靡全球的創客運動	認識了解	**先探索發掘** 透過在地資源調查，來了解發掘問題及資料蒐集之重要性；並透過色彩材質的認識，來學習如何應用於提升創意品質及造型美學。
2 材質色彩資料庫		
3 木工機具操作輕鬆學	手工製作	**再動手實作** 了解問題發掘及美學之後，可透過木工常用手工具之操作練習，應用於居家傢俱設計；再認識細微金屬手工具之加工工法及各式金屬，來學習動手實作之重要性。亦會學習 3D 模型繪圖教學之 3D 列印機加法加工，及大型機具雕刻機之減法加工的實際操作設備練習。
4 基礎金屬工藝		
5 3D 列印繪圖與操作	3D加工	
6 CNC 控制金屬減法加工		
7 LEGO運用於多旋翼	智慧控制	**於技術應用** 透過動手實作練習之後，即可組裝直昇機樂高組件，來學習馬達動力傳動及主機程式控制。同時透過簡單語法的步驟操作練習，來自己完成簡單的 APP 遊戲開發。
8 遊戲 APP開發入門		
9 在地文化資源的調查方法與應用	歸納應用	**於在地應用** 透過課程技術的養成，實際應用於在地資源調查，並落實在地文化精神。

介紹 → 操作 → 組合 → 呈現

（圖，單元架構）

緒論

在前七個單元中,設計了一系列從造型、結構、機構、邏輯、組裝等動手實作練習,而第八個單元則不管是造型、結構、邏輯、組裝幾乎都涵蓋到了,可以說是個寓教於樂的應用體驗。本單元隨著 APP 市場爆炸性的發展,如何快速開發出高品質的 APP 遊戲,也成為一個重要的議題,本單元將介紹一款使用容易學習的腳本語言 Lua,作為開發基礎的跨平台的軟體開發工具——Corona SDK,透過本單元學習及了解 Corona SDK 的運作方式,以及其對遊戲方面的支援,讓學生親自設計屬於自己的太空設計遊戲,進而學習遊戲物件,從中體驗了解、製作、設計、加工、遊戲等製作過程,達到做中學、學中玩的教育翻轉。

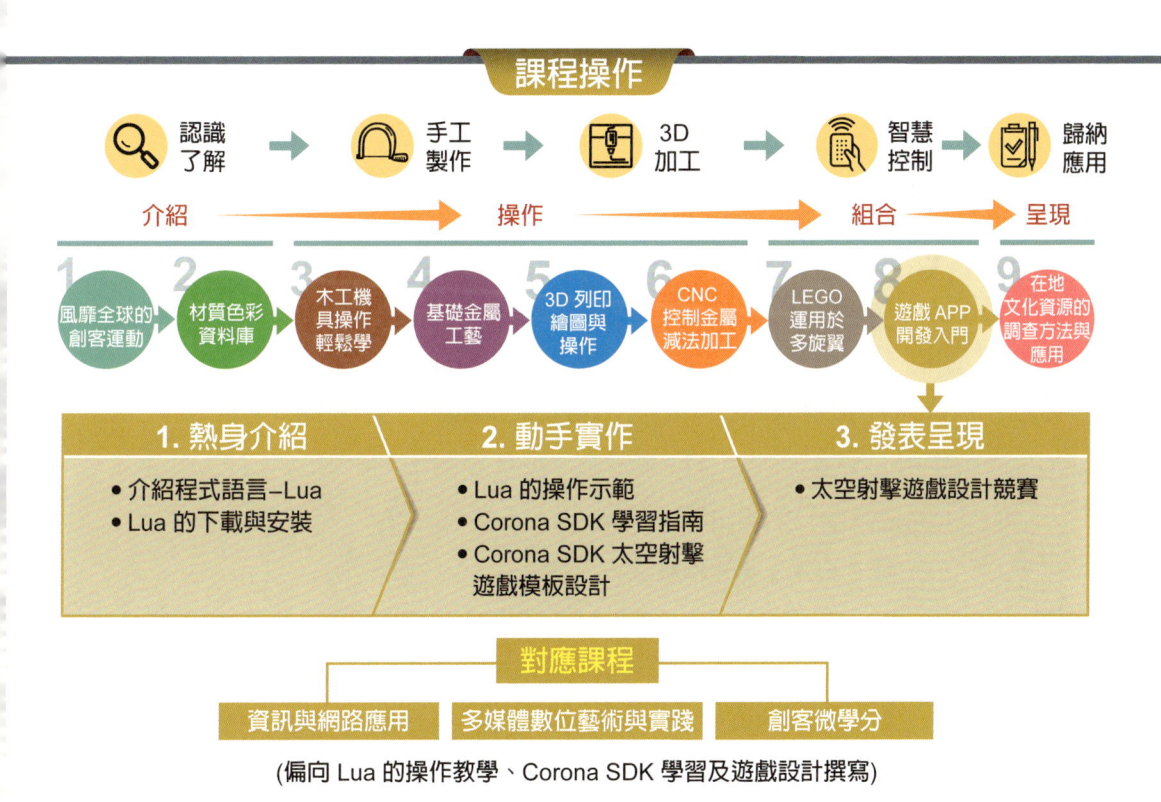

課程操作

認識了解 → 手工製作 → 3D加工 → 智慧控制 → 歸納應用

介紹 → 操作 → 組合 → 呈現

1. 風靡全球的創客運動
2. 材質色彩資料庫
3. 木工機具操作輕鬆學
4. 基礎金屬工藝
5. 3D 列印繪圖與操作
6. CNC 控制金屬減法加工
7. LEGO 運用於多旋翼
8. 遊戲 APP 開發入門
9. 在地文化資源的調查方法與應用

1. 熱身介紹
- 介紹程式語言–Lua
- Lua 的下載與安裝

2. 動手實作
- Lua 的操作示範
- Corona SDK 學習指南
- Corona SDK 太空射擊遊戲模板設計

3. 發表呈現
- 太空射擊遊戲設計競賽

對應課程

資訊與網路應用　　多媒體數位藝術與實踐　　創客微學分

(偏向 Lua 的操作教學、Corona SDK 學習及遊戲設計撰寫)

目錄

司長序

校長序

課程引言

單元架構

緒論

8.1 Lua Basic ——— 8-2

　　一、Run Lua ——— 8-2

　　二、註解（Comment）——— 8-4

　　三、變數（Variable）——— 8-5

　　四、運算子（Operators）——— 8-6

　　五、流程控制（Flow control）——— 8-7

　　六、函式（Functions）——— 8-14

　　七、遞迴（Recursive）——— 8-15

　　八、表格（Table）——— 8-18

　　九、模塊（Modules）——— 8-23

　　十、元表與元方法（Metatables and metamethods）——— 8-24

　　十一、類別與繼承（Classes and inheritance）——— 8-28

　　十二、結語 ——— 8-30

8.2 Corona SDK 學習指南 ——— 8-31

　　一、建立專案 ——— 8-31

二、座標系統 —— 8-36

三、顯示物件（Display object）—— 8-41

四、聲音（Audio）—— 8-46

五、小試身手 —— 8-50

8.3 Corona SDK 太空射擊遊戲模板 —— 8-55

一、關於專案 —— 8-55

二、遊戲方式 —— 8-56

三、場景（Scenes）—— 8-58

四、美術（Art）—— 8-61

五、關卡（Levels）—— 8-61

六、位置（Position）—— 8-65

七、移動（Move）—— 8-67

八、敵人（Enemy）—— 8-75

九、子彈（Bullet）—— 8-100

十、道具（Item）—— 8-103

十一、特效（Effect）—— 8-108

十二、物理（Physics）—— 8-110

十三、裝備（Gear）—— 8-113

8.1　Lua Basic

　　Lua 是一個腳本語言，在 1993 年作為擴展既有軟體的用途而誕生。Lua 跨平台、輕量、語法簡單的特性，讓它成為一個優秀的插件開發語言。著名的 Corona SDK 與魔獸世界插件都是使用 Lua 開發。本書以深入淺出的範例，讓讀者學習 Lua 的基礎。

一、Run Lua

1. Insatall Lua

- Mac OS X

    開啟 Terminal，使用 brew 安裝 Lua：

    ```
    brew install lua
    ```

    如果你沒有安裝 brew，請用以下指令安裝：

    ```
    /usr/bin/ruby -e "$(curl -fsSL
    https://raw.githubusercontent.com/Homebrew/install/master/install)"
    ```

- Windows

    在 Windows，你可以直接透過以下的安裝程式直接安裝：

    https://code.google.com/archive/p/luaforwindows/downloads

2. hello world!

- 建立檔案 hello.lua

    ```
    print("hello world!")
    ```

- 執行

    1. 使用 Terminal 執行 Lua

        開啟 terminal，執行以下指令：

        ```
        lua hello.lua
        ```

你會在 terminal 看到執行結果：

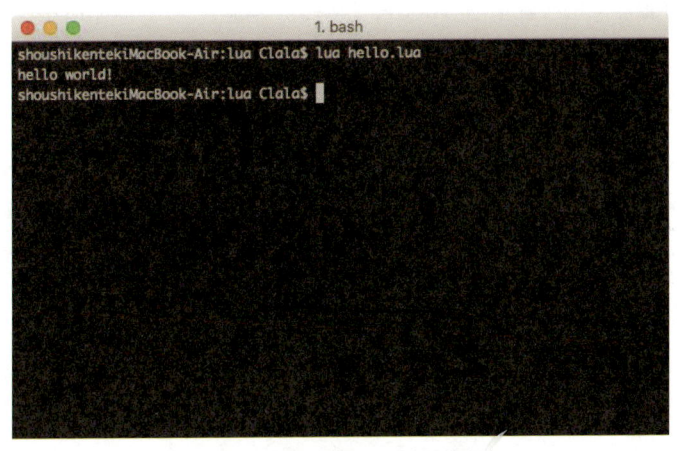

（圖8-1，執行結果，朱彥銘提供）

2. 使用 Atom 執行 Lua

(1) 安裝套件按下組合鍵 Cmd +，，開起設定視窗，並點選 Inatall 選單：

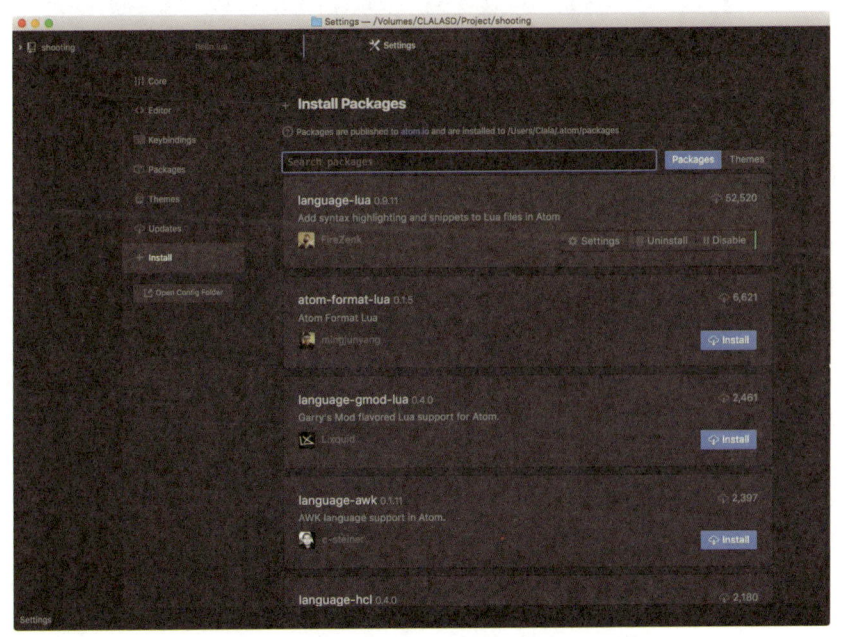

（圖8-2，使用 Atom 執行 Lua，朱彥銘提供）

(2) 安裝 script

script 讓你可以直接在 Atom 內執行程式碼，使用 Cmd + i 執行後的結果會在下方視窗內。

(3) 安裝 autocomplete-corona

autocomplete-corona 是 Corona 推出的 Atom 套件，它能幫助 Corona 開發者快速地尋找與 Corona SDK 有關的函式庫。安裝此套件也會自動安裝相依套件：language-lua，此套件能讓 lua 程式碼上色，方便開發者閱讀與撰寫。

(4) 使用快捷鍵 cmd + i 執行，或是從 Script 選單選擇 Run Script。

(5) 執行結果位於下方欄位，這個範例中，會印出字串：hello world!。

（圖8-3，執行結果，朱彥銘提供）

二、註解（Comment）

註解並不會被作為程式的一部分執行，它的作用在於將程式碼文件化：提醒開發者本人未來要在程式內完成的工作，或幫助他人理解程式碼。Lua 支援兩種註解：單行註解、多行註解。

（一）單行註解（Single line comment）

```
-- Two dashes make the rest of the line a comment
```

（二）多行註解（Multiline comment）

```
--[[
Two square brackets in a row after two dashes make
a multi-line comment.
--]]
```

三、變數（Variable）

　　變數是儲存數據的主要手段，它可以是數字（number）、字串（string）、表格（table）、布林（boolean）或是函式（function），與 C 和 JAVA 語言不同，宣告 Lua 變數時，並不需要指定型態，Lua 透過被指定數值來辨認該變數的類型。

```
myNumber = 12
myBoolean = true  -- or false
aString = "Hello World"
anotherString = 'single quotes work too'
bigString = [[
    Two square brackets begin and end a multi-
    line string.
    This is similar to multi-line comments but
    without the
    dashes.]]
```

　　此外 Lua 的數字型態，除了指派整數之外，也可以指派浮點數。然而不管你指派的是數字或是浮點數，在 Lua 底層的運算中，所有的數字（number）型態都是使用 64 位元數據的雙倍浮點數（double float）表示。但開發者不會感覺到差異，當你試著印出整數的時候，並不會以浮點數的型態表示。

```
myNumber = 12
PI = 3.1415962
```

變數（Variable）內容可以透過設置成 nil 被清除。這會告知 Lua 的垃圾回收器（Garbage collector）去釋放被該變數佔用的記憶體。

```
myNumber = nil
```

四、運算子（Operators）

Lua 支援數學與邏輯運算子（operators），如下表所示：

運算子	說明
+	加法（addition）
-	減法（subtraction）
*	乘法（multiplication）
/	除法（division）
^	次方（power）
%	取餘數（modulus）
..	組合兩個字串（concatenate）
==	等於（equal to）
~=	不等於（not equal to）
<	小於（less than）
<=	小於或等於（less than or equal to）
>	大於（greater than）
>=	大於或等於（greater than or equal to）
and	用連接兩個操作以作邏輯運算，當兩者皆為真，整體才為真
or	用連接兩個操作以作邏輯運算，只要其中一者為真，整體為真
not	反轉值，大部分的情況是布林（Boolean）值 i.e. not true = false, not false = true, not nil = True

五、流程控制（Flow control）

　　有些時候你希望程式碼在滿足某些條件下才可以執行，或是你想反覆的執行某一段程式碼。這樣的行為稱之為流程控制（Flow control）。有五個主要的方式可以讓你改變程式的流程。

- if – then – else statements
- while loops
- repeat loops
- for loops
- function

(一) if - then - else

　　if - then - else 描述讓你的程式碼藉由對邏輯條件的操作，而有條件地被執行：

```
myNumber = 12

if myNumber > 10 then
    print( "Number is greater than 10" )
else
    print( "Number is less than or equal to 10")
end
```

　　在這個例子裡，myNumber 為 12，它大於 10，所以 if 內的條件為真，且在其中的程式碼被執行。反之，如果 myNumber 為 5，大於 10 的條件不成立，則會執行 else 區塊內的程式碼。注意：if 描述都必須以關鍵字 end 做結尾。

8-7

if 描述不一定需要 else 搭配：

```
if myNumber > 10 then
    print( "Number is greater than 10" )
end
```

但可以搭配 elseif 做多條件的判斷：

```
if myNumber > 10 then
    print( "Number is greater than 10" )
elseif myNumber < 10 then
    print( "Number is less than 10" )
else
    print( "Number is exactly 10" )
end
```

你也可以透過連接多個條件，組合成更複雜邏輯內容：

```
if myNumber > 10 and myNumber < 20 then
    print( "myNumber is in range" )
end
```

為了讓 print() 被執行，and 所連接的兩個條件都必須為真。在 Lua 中，你不需要在 if 內特別加上括號，除非你希望改變判斷的優先順序。

```
myNumber = 12

if myNumber < 10 or myNumber > 20 then
    print( "myNumber is out of range" )
end
```

or 連接的其中一個條件只要為真，則 print() 會被執行。在上面的例子中，由於 myNumber 為 12，落在 10 ~ 20 之間，所以不會透過 print() 輸出任何字串。

和其他程式語言不同的是，只要 Lua 一旦發現整體條件的真假之後，就不會去判斷剩餘的條件。

```
if player and player.x < 0 then
    print( "player is off screen" )
end
```

在這個例子裡，如果 player 不存在（其值為 false 或 nil），不管剩餘的條件是什麼，整體條件一定為假，剩餘的條件顯得無關緊要，也因此不會被檢查。

(二) 迴圈 (Loop)

你可以在以下三種迴圈形式中，選擇其中一種，讓一段程式碼區塊重複被執行。

while 會在執行前先測試執行條件，如果執行條件為 false，則會中斷，反之，若執行條件為 true，則繼續執行：

```
myNumber = 1

while myNumber < 10 do
    print( myNumber )
    myNumber = myNumber + 1
end
```

repeat 會在每一次執行後才去判斷要不要繼續執行：

```
myNumber = 1
```

```
repeat
    print( myNumber )
    myNumber = myNumber + 1
until myNumber == 10
```

　　for 透過對數值的操作：像是累加或遞減，以決定要如何重複執行一段程式碼，程式碼將執行到該數值到達設定的限制為止：

```
for myValue = 1, 10 do
    print( myValue )
end
```

　　這個 loop 會印出數字 1~10，你也可以指定第三個參數，讓該值每次以非 1 的差距累加或遞減：

```
for myValue = 10, 1, -1 do
    print( myValue )
end
```

　　這段程式碼會依序將 10~1 印出，每次以 1 的差距遞減。當然你也可以根據其他值去遞減，像是 –12 或是 0.75。

　　接著我們來看看下面的狀況：

```
myValue = 100

for myValue = 1, 10 do
    print( myValue )
end
print( myValue )
```

當你去執行這段程式碼，可能會覺得很奇怪。首先 for 迴圈中的 print() 會依序印出 1~10，但是最後的 print() 卻會印出 100。這是由於 scope 的特性與 for 迴圈中發生的特殊現象導致的。定義在 for 迴圈中，作為累加器的變數對為本地（local）變數，只有在 for 迴圈內的程式碼區塊存取得到。當離開 for 迴圈時，存取的自然就是原始版本的變數了（第一行定義的變數）。

（三）範圍（Scope）

每個變數都有範圍（Scope）與可見性（Visibility），所謂的可見性是指：該變數能否被看見，而所謂的範圍是指該變數「在哪裡能被看見」。在 Lua 中，根據變數的範圍，可以將變數分為兩種類型：全域（Global）與區域（Local）變數。

1. 沒有前綴詞定義的變數皆為全域（Global）變數：

```
myNumber = 12
```

全域變數可以在程式碼的任何地方。

(1) 較低的效率

相較於區域變數，它們沒辦法有效率的被處理，這是因為全域變數會被加入到一個名為 _G 的表格裡，存取全域變數都需要額外的步驟去操作這張表格。

(2) 容易導致難以追蹤的臭蟲（Bug）

因為全域變數可以在程式的任何地方被使用，你的夥伴可以在程式的任何一個複寫你之前宣告的全域變數。當臭蟲發生的時候，也因為全域變數可以在任何地方被看見的特性，很難去追蹤全域變數隨著程式運作的變化。

(3) 記憶體洩漏（Memory leak）

記憶體洩漏（圖8-4）是由於程式撰寫不當，參考已經沒有在使用的物件，

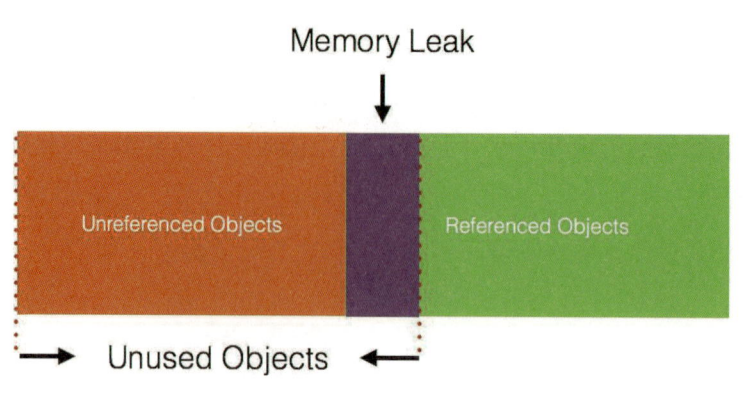

(圖8-4，記憶體洩漏，朱彥銘提供)

導致垃圾回收器（gabage collector）無法回收沒有在使用的記憶體，讓可用記憶體越來越少的現象。由於全域變數會被 _G 這個表格參考，它沒辦法隨著一個區域的結束而被回收。能夠回收全域變數的方法就只有將它設置為 nil，然而這個步驟是多數開發者容易疏忽的，也因此容易導致記憶體洩漏。

2. 另一個變數種類則是區域（Local）變數，區域變數定義時會被前綴詞 local 所修飾：

```
local myNumber = 12
```

與全域變數不同，區域變數只在部分程式區塊，或是其區塊內的子區塊內具有可見性，讓我們實際看看一個例子：

```
local myNumber = 1

while myNumber < 10 do
    if myNumber == 5 then
        local isFive = true
        print( myNumber, isFive )
    end
```

```
    print( isFive )
    myNumber = myNumber + 1
end
print( myNumber, isFive )
```

輸出：

```
nil
nil
nil
nil
5    true
nil
nil
nil
nil
nil
nil
```

當 myNumber 遞增至 5，我們定義一個新的區域變數 isFive，將它設置為 true 並透過 print() 印出。一旦離開了 if 判斷式，第 8 行的 print() 卻是印出 nil，這是因為 isFive 是定義在 if 區塊內的區域變數，當離開了 if 區塊，isFive 便消失了。

然而由於 myNumber 是定義在最 while 迴圈之外，所以它能被 while 迴圈與 if 判斷式看見，正常的進行累加的操作，才能在第 11 行透過 print() 印出 10。

六、函式（Functions）

有時候你需要在程式中重複執行一段程式碼。函式（Function）可以幫助你將這段程式碼模組化，減少重複的工作。

函式以 function 關鍵字為開頭，然後是函式的名字，接著在括號內定義該函式的參數。函式可以被宣告為區域或是全域，但就像之前所提的，盡可能地宣告為區域變數。

```lua
function addNumbers( number1, number2) --Global function
    local result = number1 + number2
    return result
end

local function subtractNumbers( number1, number2) --Local function
local result = number1 - number2
    return result9
end
```

在 Lua 中，函式可以回傳不只一個值：

```lua
local function divideWholeNumbers( number1, number2 )
    local result = math.floor( number1 / number2 )
    local remainder = number1 % number2
    return result, remainder
end
print( divideWholeNumbers( 10, 7 ) )
```

輸出：

1   3

　　Lua 也支援匿名函式，對於定義暫時性用途的函式非常有幫助，像是將函式當成參數傳遞，或是你希望在定義前就使用它：

```lua
local appendString
local function mergeStrings( first, second )
  return appendString( first, second, " " )
end
appendString = function( sourceString, additionalString, delimiter )
  local delim = delimiter
  if delim == nil then
    delim = " "
  end
  return sourceString .. delim .. additionalString
end
-- or a temporary function:
timer.performWithDelay( 1000, function()
  appendString( "hello", "world");)
end )
```

七、遞迴（Recursive）

　　遞迴是透過函式呼叫自己來達成目的的一種程式編成技巧，以下這個例子就是利用遞迴來實現累加的功能，如果將遞迴式展開就會是：sum(n) = n + (n–1) + (n-2) …… + 1。

```
local function sum(n)
  if n == 1 then
    return 1
  end
  return n + sum(n-1)
end

print(sum(10))
```

注意遞迴必須設立終止條件，否則遞迴將會無法停止，進而導致程式無法繼續執行或是堆疊溢位（stack overflow）的發生。在以上累加例子中，停止條件發生在 n = 1 時，此時不須 n–1 之前的累加結果，便直接回傳 1。

（一）尾調用（Tail call）

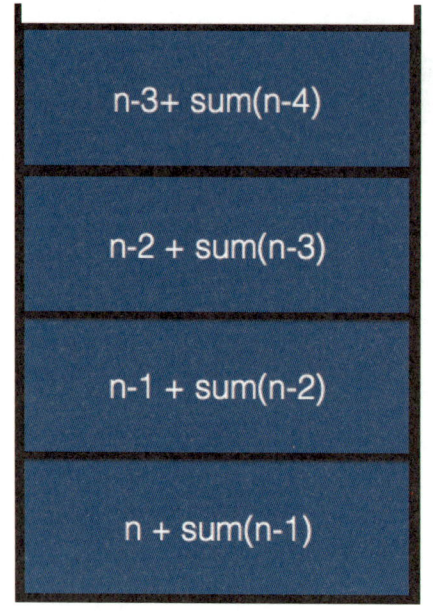

| n-3+ sum(n-4) |
| n-2 + sum(n-3) |
| n-1 + sum(n-2) |
| n + sum(n-1) |

（圖8-5，朱彥銘提供）

recursive 的過程中可能會不斷堆疊記憶體，如果處理不當，就會造成 Stack Overflow，導致程式崩潰。一個新手常見的錯誤：只要是使用遞迴寫法，當遞迴的次數夠多，就一定會造成 Stack Overflow。其實只要遞迴符合 tail call 的規範，就可以避免使用過量記憶體的情況發生。

什麼是 tail call？簡單來說，當我們在目前的函式呼叫下一個函式時，只要不會再使用到目前函式的資源，這樣的呼叫方式就稱為 tail call。以下三個呼叫 g(x) 的方法，都不符合 tail call 規範，因為都還必須使用到當前函式的資源，因此當前函式並不會從記憶體堆疊中移除。

```
return g(x) + 1    -- must do the addition
return x or g(x)   -- must adjust to 1 result
return (g(x))      -- must adjust to 1 result
```

以下的函式也不符合 tail call，因為 g(x) 執行完還需要執行 return：

```
function f (x)
   g(x)
   return
end
```

在 lua 中，只有 return g(...) 才符合 Tail Call 的定義，注意新手常犯的錯誤：沒有 return 是不符合的。符合 tail call 的遞迴累加函式寫法：

```
local function tailed_sum(n, result)
   --collectgarbage()
   --print(collectgarbage("count"))
   if n == 1 then
      return result + 1
   end
   result = result + n
   return tailed_sum(n-1, result)
end

print(sum(10))
print(tailed_sum(10, 0))
```

八、表格（Table）

table 是 Lua 的資料型態，用來將相似或有關聯的資料整理在一起。Lua 支援兩種表格類型。

以數字（number）作為索引的表格，類似傳統的一維陣列。以字串（string）作為索引的表格，類似其他語言中的 hash table 或是 dictionary。

(一) 數字索引表格（Numerically indexed table）

以下的 table 便是以數字作為索引：

```lua
local myTable = {}  -- An empty table
local myTable = { 1, 3, 5, 7, 9 }  -- A table of numbers
local cityList = { "Palo Alto", "Austin", "Raleigh", "Topeka" }  -- A table of strings
local mixedList = { "Cat", 4, "Dog", 5, "Iquana", 12 }  -- A mixed list of strings and numbers

print( myTable[ 3 ] )  -- prints 5


myTable[ 3 ] = 100  -- You can set a table cell's value via its index number
print( myTable[ 3 ] )  -- prints 100
```

你可以透過 '#' 得知該表格有多少成員。

```lua
1 print( #cityList )  -- prints 4
2 cityList[ #cityList + 1 ] = "Moscow"  -- Add a new entry at the end of the list
```

注意數字索引表格的第一個成員是用 1 去存取而非 0。

(二)關鍵字索引表格(Key indexed table)

透過關鍵字作為索引的表格透過類似的方式運作,不同的是,你必須使用 key-value pairs:

```lua
local myCar = {
  brand="Toyota",
  model="Prius",
  year=2013,
  color="Red",
  trimPackage="Four",
  ["body-style"]="Hatchback"
}
```

你可以透過 '.' 或是中括弧指定 Key 去存取表格成員,如果 Key 中包含特殊字元例如 body-style,那你只能使用中括弧([])去存取或定義:

```lua
print( myCar.brand )
print( myCar[ "year" ] )
print( myCar[ "body-style" ] )
```

Lua 並不支援多維陣列,但你可以讓表格成為表格的成員之一,以模擬多維陣列:

```lua
local grid = {}
grid[ 1 ] = {}
grid[ 1 ][ 1 ] = "O"
grid[ 1 ][ 2 ] = "X"
grid[ 1 ][ 3 ] = " "
```

```
grid[ 2 ] = {}
grid[ 2 ][ 1 ] = "X"
grid[ 2 ][ 2 ] = "X"
grid[ 2 ][ 3 ] = "O"
grid[ 3 ] = {}
grid[ 3 ][ 1 ] = " "
grid[ 3 ][ 2 ] = "X"
grid[ 3 ][ 3 ] = "O"
```

表格也可包含使用關鍵字索引的表格：

```
local carInventory = {}
carInventory[1] = {
  brand="Toyota",
  model="Prius",
  year=2013,
  color="Red",
  trimPackage="four",
  ["body-style"]="Hatchback"
}

carInventory[2] = {
  brand="Ford",
  model="Expedition",
  year=1995,
  color="Black",
  trimPackage="XLT",
```

```
    ["body-style"]="wagon"
}

for i = 1, #carInventory do
    print( carInventory[i].year, carInventory[i].brand, carInventory[i].model )
end
```

數字索引的表格可透過一般的 for 迴圈遍歷每一個成員,然而關鍵字索引表格則需要搭配 piar,才可以遍歷其中的每一個成員:

```
for key, value in pairs( myCar ) do
     print( key, value )
end
```

(三) 表格內的函式 (Functions in table)

function 內的成員可以是函式,以下的範例在 person 表格內建立新成員 getAge(),獲得該表格的屬性:age。

```
local person = {}
person.age = 18
person.getAge = function()
  return person.age
end
print(person.getAge())
```

在 lua 的開發過程中,為了將相似的功能存放在同一張表格,我們常常會需要在表格內建立能夠存取該表格的方法。除了用 . 定義成員函式,也可以用 : :

```
function person:getSelfAge()
  return self.age
end
```

　　使用 : 定義的成員函式,可以透過 self 存取定義自己的表格,也讓程式比較漂亮,更容易閱讀。此外要注意使用 : 定義的函式,也必須使用 : 呼叫。

```
print(person:getSelfAge())
```

　　其實使用 : 定義的函式,在 lua 內會解釋成多帶一個名為 self 參數的函式:

```
function person:getSelfAge()
  return self.age
end
--is equal to
person.getSelfAge = fucntion(self)
  return self.age
end
```

　　而使用 : 呼叫函式時,lua 會將第一個參數自動帶入定義該函式的表格:

```
person:getSelfAge()
--is equal to
person.getSelfAge(person)
```

九、模塊 (Modules)

為了讓程式碼更容易維護，我們常會將關聯的函式或資料一起放在一個獨立的 .lua 檔，這一個 lua 檔案就被稱為模塊 (modules)。舉例來說，你可以在檔案 do-math.lua 建立一個與數學運算相關的模塊。

```
-----------------
-- do-math.lua
-----------------
local M = {}  -- Empty table; "M" can be any variable name you like, but most people use "M" for "module"

function M.addNumbers( number1, number2 )  --Add a function to the module
    return number1 + number2
end

return M
```

存取模塊時，必須使用 require()，接著便可以使用模塊內定義的功能，調用時不須指定 .lua 副檔名。

```
-----------------
-- call-math.lua
-----------------
local do_math = require( "do_math" )  -- Omit the .lua extension here
print( do_math.addNumbers( 10, 15 ) )  -- prints 25
```

模塊的運作原理其實很簡單，當第一次調用 require()，被 require 的檔案會被從頭被執行一次，以 do_math.lua 為例：第一次被調用時，會先建立一個表格 M，接著在 M 建立方法 addNumber，最後將 M 回傳。因此 call-math.lua 中的 do_math 變數就會是 do_math.lua 中的 M，也因此可以透過 do_math 變數調用 do_math.lua 中的方法。

　　必須特別注意的是：當再次調用 require() 引用相同模塊後，該模塊檔案就不會被執行了。那麼這時候 require() 會回傳什麼呢？答案不是 nil，而是第一次調用該模塊時的回傳值。換句話說，模塊只要被加載一次，只要程式結束前都會一直存在於記憶體，不需要再重複加載。lua 這樣的行為可以增加程式運作的效率，但相對的會消耗較多的記憶體，也因此要記得移除程式中不再被使用的模塊。

十、元表與元方法（Metatables and metamethods）

　　元表 (metatable) 只是普通的 Lua 表格，它包含許多可以覆寫既有操作的方法。舉例來說，你可以自己定義乘法，讓它可以相加兩張表格，這種聽起來很直觀的操作大部分都可以透過元表達成。以下的例子裡會將兩個玩家合併，得到兩者最高分的總和。

```lua
local playerOneInfo = { highScore = 10 }
local playerTwoInfo = { highScore = 10 }

local metatable = {
  __add = function( table1, table2 )
    return {
        highScore = table1.highScore + table2.highScore
    }
  end
}
```

```
setmetatable( playerOneInfo, metatable )

local combinedPlayerInfo = playerOneInfo + playerOneInfo
print( combinedPlayerInfo.highScore )  --prints 20

local combinePlayerInfo = playerOneInfo + playerTwoInfo  --Error; we
never added the metatable to "playerTwoInfo"
```

下表的操作可以透過定義不同的元方法（metamethod）被覆寫：

\+	__add
\-	__sub
*	__mul
/	__div
%	__mod
^	__pow
\-	__unm — unary operator, i.e. variable = -variable
..	__concat — concatenate strings
\#	__len — length operator
==	__eq — equality operator
<	__lt — less than operator
<=	__le — less than or equal to operator

當 Lua 找不到表格成員的時候，會根據 __index 運算子定義的內容進行後續的處理。如果你嘗試去存取一個在表格內不存在的關鍵 (key)，預設會回傳 nil。藉由 __index 元方法 (metamethod)，你可以定義當透過關鍵 (key) 存取不到成員時，應該回傳的預設值。

```
myTable = { x=160, y=80 }
myMetaTable = {
  __index = {
   width=100,
   height=100
  }
}
setmetatable( myTable, myMetaTable )
```

更簡潔的寫法：

```
myTable = setmetatable(
  {
    x=160,
    y=80
  },
  {
   __index =
   {
     width=100,
     height=100
   }
  }
)
```

　　現在當你存取 myTable.width，你會獲得預設值：100，即使你沒有在該表格設置 width 的值。然而，當你試著存取 myTable.alpha，它會回傳 nil。因為你沒有在表格內定義它，也沒有在 __index 方法內指定它的預設值。

　　__index 也可以是一個函式：

```lua
myTable = setmetatable( { x=160, y=80 }, {
    __index = function( myTable, key )
        if key == "width" then
            return 100
        elseif key == "height" then
            return 100
        else
            return myTable[ key ]
        end
    end
})
```

我們透過 __index 定義「取得表格內未定義變數」時的行為，那麼有沒有方法可以定義「設定值」的行為？答案是元方法 (metamethod) __newIndex，它和 __index 類似，可以設置成表格或函式：

```lua
myTable = setmetatable( { x=160, y=80 }, {
  __newindex = function( myTable, key, value )
    if key == "width" then
      rawset( myTable, "height", value * 1.5 )
      rawset( myTable, key, value )
    elseif key == "height" then
      rawset( myTable, "width", value / 1.5 )
      rawset( myTable, key, value )
    else
      rawset( myTable, key, value )
    end
  end
end
```

```
})

myTable.width = 10
print( myTable.height )  -- prints 15
myTable.height = 20
print( myTable.width )  -- prints 10
```

等等，為什麼最後一個 print() 不是印出 13.333??? 這是因為 __index 只在設置新的關鍵 (key) 時，才有作用，而 myTable.height 卻已經在你設置 .width 時設置過了 (第 4 行)，所以對 __newIndex 來說，它不是一個新的關鍵，也就不會處理了。你可以試著移除設置 .width 的程式碼 (第 17 行)，就會得到輸出值 13.333。

有一點必須特別注意，如果你沒有透過 rawset() 設置關鍵，程式可能會不斷的執行在元表內 (metatable) 的同一段程式碼，導致無法終止的遞迴（recursive loop）發生。使用 rewset() 與 rawget() 設置或存取值不會被元表（metatable）所偵測。

十一、類別與繼承（Classes and inheritance）

試著想像一個情境，如果我們要實作一個 RPG 遊戲，我們該如何設計其中的角色呢？RPG 遊戲中的角色有許多職業，例如戰士與法師。也有路上隨處可見的 NPC，他們沒有職業，但也屬於角色的一部分。這些角色都有一樣的屬性像是：職業、力量、武器、名字等等。

為了減少程式碼與讓程式碼容易被維護與修改，我們會讓所有的角色去共用一份通用的程式碼，讓他們很快的可以擁有角色的基本屬性而不必再重新定義，這個動作就被稱為繼承（inheritance）。而那份被共用的程式碼就被稱為類別（class）。相關的編程技巧就被稱為物件導向：object-oriented

```
                    Character
              /        |        \
         Warrior      Mage      Kevin
         /    \      /    \
     Paladin Steve Mary  Mary
        |
      Edison
```

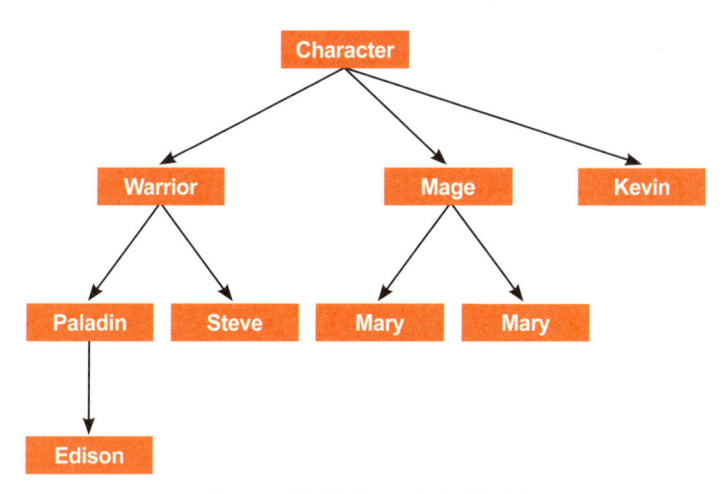

（圖8-6，類別與繼承，朱彥銘提供）

programming (OOP)。

然而 Lua 並不直接支援物件導向，但是我們可以透過一些方法模擬。最簡單的方法是直接透過對表格（Table）的操作，而另一種比較複雜的方式則是透過元表（metatable）、元方法（metamethod）搭配表格（table）、方法（method）、屬性（attribute）達成類似的效果。

以下的兩個例子我們建立四個類別：角色（Character）、戰士（Warrior）、法師（Mage）、聖騎士（Paladin）。戰士（Warrior.lua）、法師（Mage.lua）類別繼承角色類別，而聖騎士（Paladin.lua）繼承戰士類別。最後產生 5 位角色：普通人 Kevin、聖騎士 Edison、戰士 Steve、法師 Mary 及法師 Mark。

(一) 簡單的方法

我們可以用一種簡單的方式來達到 OOP 的模擬，這個方法中，我們只會用到對表格的操作。以角色類別舉例：Character 只包含一個函式 new，透過在 new 中宣告的區域變數 character 建立一個新的實體，並在 new 之中將 character 的成員定義好，最後將它回傳。繼承的方式是在新類別的 new 方法直接使用被繼承類別的 new 方法，直接取得被繼承類別的新物件，並直接在該物件添加新方法與新屬性。這樣的方式在使用上相當直觀，而且很好理解，但缺點就是你必須將類別成員都在 new 中定義好，無法在外部定義。

範例詳見東華書局網站：第一章 /1-11/ 簡單的方法。

(二) 複雜的方法

如果你希望能在外部定義類別的成員，可以參考以下的例子。以 Character.lua 為例子，表格 Character 定義了基本的屬性，__index 則被用來定義預設值。繼承的方式是在新類別使用被繼承類別的 new 方法，使其能使用被繼承類別的元表 (Metatable)，並在最外層定義新的屬性與方法。

範例詳見東華書局網站：第一章 /1-11/ 複雜的方法。

(三) 輸出

兩種方法的輸出都是相同的，如下：

```
Homeless Kevin use fist with power 4 to attack
Mage Mary use stick with power 5 to attack
Mage Mary use ice art
Mage Mark use stick with power 4 to attack
Mage Mark use fire art
Warrior Steve use sword with power 100 to attack
Warrior Steve use shield bash
Paladin Edison use sword with power 200 to attack
Paladin Edison use shield bash
Paladin Edison use heal art
```

十二、結語

Lua 的語法相當簡潔，也因此它的學習曲線很短，相信你很快就能上手了。

8.2　Corona SDK 學習指南

Corona SDK 是一個採用 Lua 語言開發的 2D 遊戲引擎。與 Unity 3D 不同，Corona SDK 專案不會有複雜的場景或物件檔案。你可以使用任何熟悉的文字編輯器開發，也適用任何的版本控制系統。這樣的特性讓 Corona SDK 專案非常便於協同作業，搭配 Corona 提供的多種函式庫，開發速度會是使用 Unity 3D 開發 2D 遊戲速度的 5 倍以上。

一、建立專案

這個章節示範如何建立 Corona SDK 專案。

(一) 安裝 Corona SDK

1. 首先到 Corona SDK 官網下載 Corona SDK：

https://coronalabs.com/corona-sdk/

第一次下載會需要提供 email 註冊。

（圖8-7，註冊，朱彥銘提供）

按下 Download 後會進入一連串的註冊帳號過程，當然如果你已經有申請過 Corona SDK 帳號，可以在左方的 Sign In 區塊登入。

（圖8-8，註冊帳號過程，朱彥銘提供）

2. 註冊完畢後，下載 Corona SDK。

（圖8-9，下載 Corona SDK，朱彥銘提供）

3. 安裝 Corona SDK。

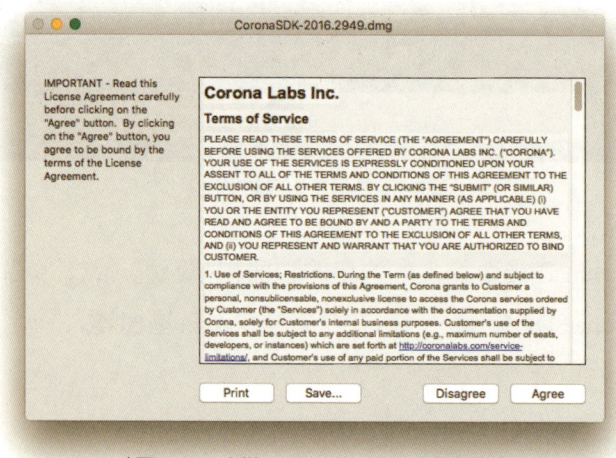

（圖8-10，安裝 Corona SDK，朱彥銘提供）

4. 安裝完畢後,開啟 Corona Simulator。

(圖8-11,開啟 Corona Simulator,朱彥銘提供)

5. 在第一次執行時,會要求開發者登入。

(圖8-12,要求開發者登入,朱彥銘提供)

登入成功後即可運行模擬器,之後便不用再輸入帳號密碼。

(圖8-13,登入成功,朱彥銘提供)

6. 模擬器的歡迎頁面。

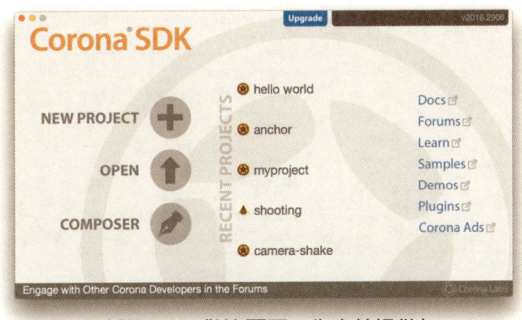

(圖8-14,歡迎頁面,朱彥銘提供)

8-33

(二) Hello World！

這裡示範如何建立一個最簡單的 Corona 專案：Hello World!

1. 建立專案資料夾

（圖8-15，朱彥銘提供）

2. 在專案資料夾內建立 Corona SDK 進入點檔案：main.lua，並撰寫程式碼，這裡的編輯器使用的是 Atom.io，你可以選擇你喜歡的編輯器。

```
print("hello, world!")
```

（圖8-16，朱彥銘提供）

3. 打開模擬器，開啟專案資料夾內的 main.lua：

（圖8-17，朱彥銘提供）

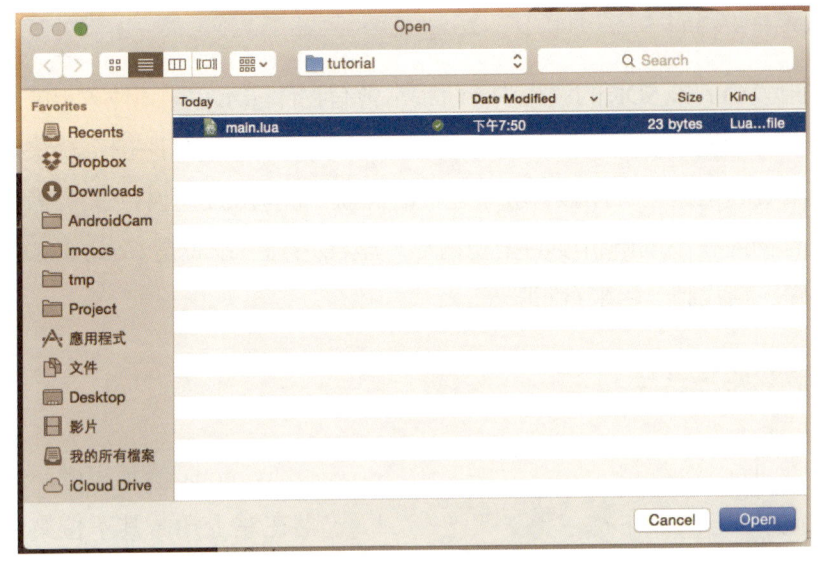

（圖8-18，朱彥銘提供）

4. 順利運行後，就會在輸出視窗內看到 hello world!

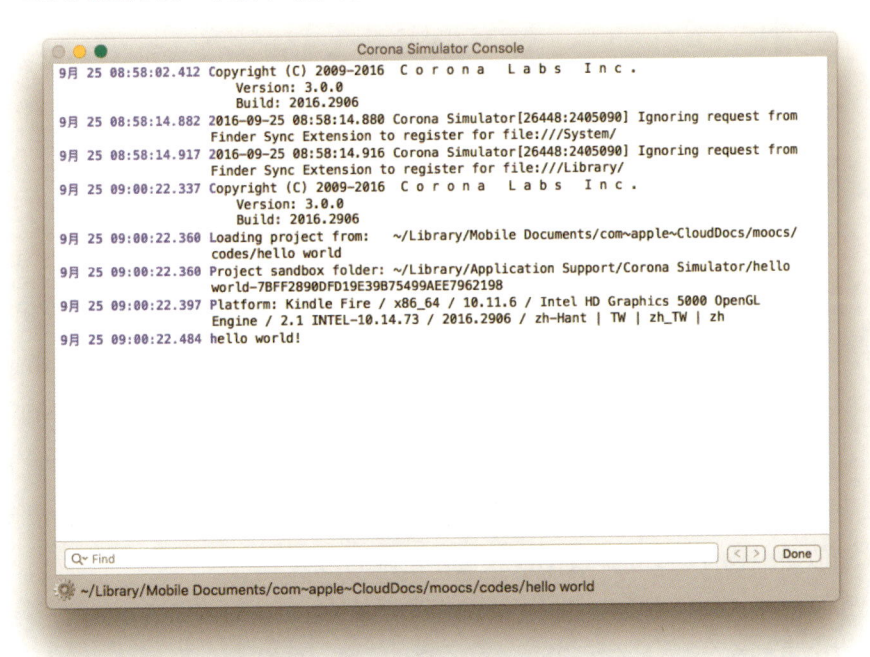

（圖8-19，朱彥銘提供）

8-35

二、座標系統

在開發 Corona SDK 的過程中，新手常會有物件顯示在錯誤位置上的問題。這樣的問題通常來自於對 Corona SDK 座標系統的不了解。座標系統決定物件在螢幕出現的位置，直接影響玩家遊玩的體驗。開發的過程中，開發者也必須隨時注意物件在不同解析度的呈現情形。座標系統可以說是 Corona SDK 基礎中的基礎，讓我們一起來看看吧。

(一) 螢幕座標系統

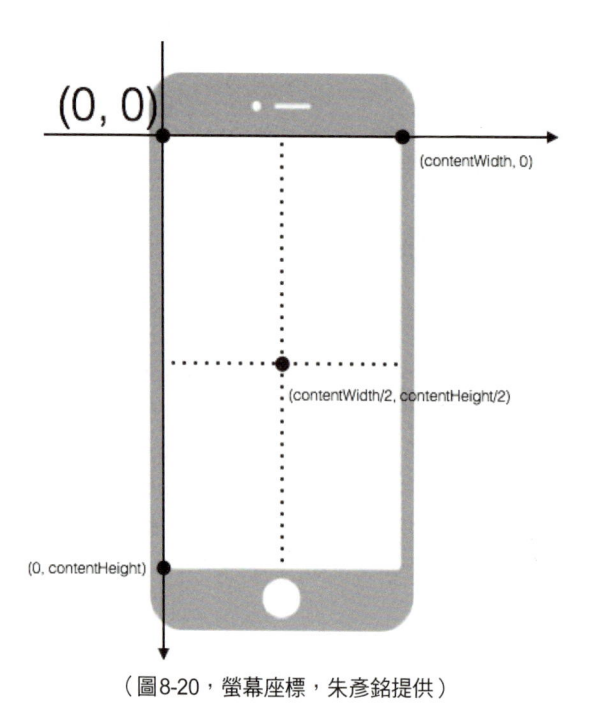

Corona 螢幕座標系統的原點在左上角，其單位為像素，越往向右方，x 座標遞增，越往下方，y 座標遞增；反之，則遞減。x, y 座標皆可為負數，當 x 座標 < 0，表示該座標位於螢幕外的左方，當 y 座標 < 0，表示該座標位於螢幕外的上方。

要怎麼取得螢幕的長寬呢？在 Corona SDK 裡，可以使用 display.contentWidth 取得螢幕的長，以及 display.contentHeight 取得螢幕的寬，其單位皆為像素。取得螢幕長寬是非常重要的，遊戲中我們需要根據不同螢幕解析度加載不同解析度的圖片、縮放遊戲物件、或是將 HUD 放置在正確的位置上。

（圖8-20，螢幕座標，朱彥銘提供）

螢幕的中心點座標為（display.contentWidth/2, display.contentHeight/2），或是可以更精簡的寫法（display.contentCenterX, display.contentCenterY）。

(二) 顯示物件座標系（Display object coordinate system）

　　顯示物件座標系的座標方向與螢幕座標系相同，x, y 座標往右下方遞增，左上方遞減，然而原點與螢幕座標系不同，顯示物件座標系預設的原點在畫面正中央。

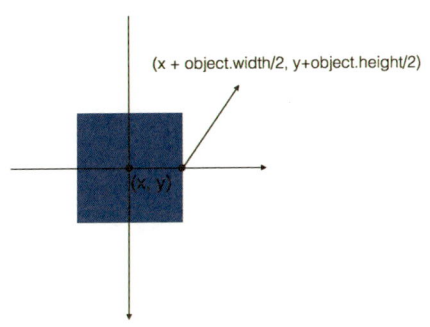

（圖8-21，顯示物件座標系，朱彥銘提供）

以下程式碼示範如何將物件置於畫面中心：

```
blueRect.x = display.contentWidth/2
blueRect.y = display.contentHeight/2
```

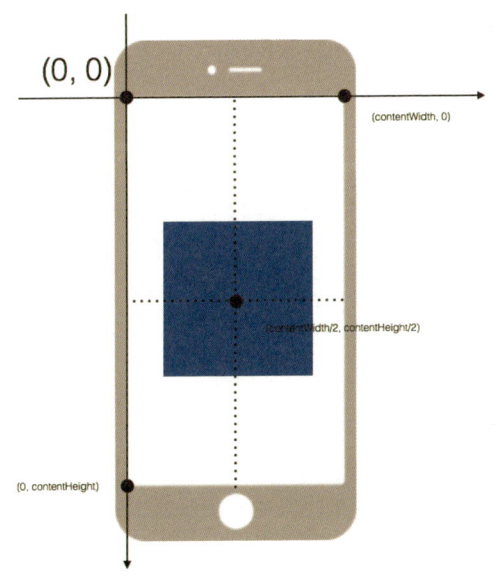

（圖8-22，物件置於畫面中心，朱彥銘提供）

8-37

(三) 顯示物件定位錨（Anchor of display object）

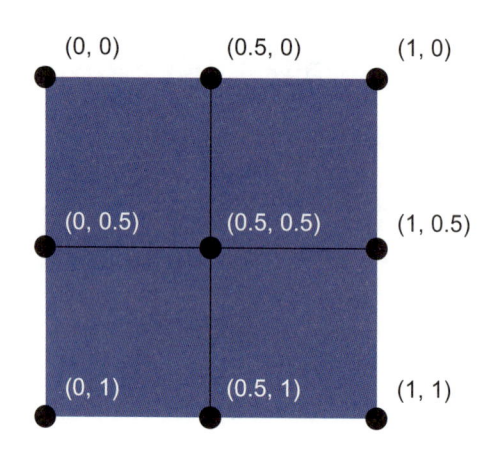

（圖8-23，顯示物件定位錨，朱彥銘提供）

　　預設的顯示物件原點在中心，你可以透過設定 anchor 來改變物件的原點。anchor 座標系的原點在左上角，與其他座標系相同，x, y 座標往右下方遞增。與螢幕座標系與顯示物件座標系不同的是：anchor 中的 x, y 座標值只會介於 0 到 1 之間。

　　anchor 座標會對齊到原本物件的原點，顯示物件預設的 anchor 座標為 (0.5, 0.5)，即是將顯示座標原點置於物件中心。

（圖8-24，座標原點置於物件中心，朱彥銘提供）

改變 anchor 便可以改變顯示物件的原點，你可以透過 anchorX 與 anchorY 改變 anchor 屬性，舉例來說，當 anchor：

● 為 (0, 0) 時，原點位於左上角：

myBox.anchorX = 0
myBox.anchorY = 0

（圖8-25，左上角，朱彥銘提供）

● 為 (1, 1) 時，原點位於右下角：

myBox.anchorX = 1
myBox.anchorY = 1

（圖8-26，右下角，朱彥銘提供）

- 為 (0, 1) 時,原點位於左下角:

myBox.anchorX = 0
myBox.anchorY = 1

(圖8-27,左下角,朱彥銘提供)

- 為 (1, 0) 時,原點位於右上角:

myBox.anchorX = 1
myBox.anchorY = 0

(圖8-28,右上角,朱彥銘提供)

當然你也可以指定 anchor 座標為其他值，只要介於 0 到 1 就行。在敵人的開發經驗中，並不常用到 anchor，理由是因為當遊戲專案越來越大，顯示物件越來越多的時候，不同的 anchor 座標會讓定位變得複雜，偵錯也會變得困難。如果讀者有夠好的空間概念，可以嘗試使用 anchor，否則就讓原點保持在物件中心吧！

三、顯示物件（Display object）

在 Corona SDK 中，所謂的顯示物件泛指繼承 Display object 類別的物件，這些物件通常能出現在螢幕上，擁有跟顯示相關的屬性，例如：座標、透明度、定位錨、長寬與縮放值等等。

顯示物件包括文字（Text）、矩形（Rectangle）、圓形（Circle）、多邊形（Polygon）、線條（Line）、Sprite、圖像（Image）、群組（Group），接下的章節中會依序介紹。

（一）文字（Text）

使用 display.newText() 可以新增顯示文字，這裡建議使用表格作為參數的建構方法，日後修改會較有彈性。參數表格中，text 為欲顯示的字，font 為字體，fontSize 為字體大小，x 和 y 則為顯示在螢幕的位置。

```lua
local text = display.newText({
    text = "Hello World",
    font = native.systemFontBold,
    fontSize = 32,
    x = display.contentCenterX,
    y = display.contentCenterY,
})
text.fill = {0, 0, 1}
```

(二) 形狀物件 (Shape object)

在 Corona SDK 中,形狀物件 (Shap object) 是指有幾何邊界的顯示物件 (Display object),這包含了:矩形 (Rectangle)、圓滑矩形 (Rounded Retanle)、圓形 (Circle)、多邊形 (Polygon)。這些物件都擁有 fill 與 stroke 屬性,分別改變形狀物件的填滿與邊線狀態。

● 矩形 (Rectangle)

透過 display.newRect() 建立矩形。

以下的例子創建一個矩形,長寬皆為 100,並透過 fill 將其顏色填滿為半透明的藍色。前兩個參數為座標,最後兩個參數依序為長與寬,而 fill 則為一個陣列,陣列內容依序為 {R, G, B, A}。fill 中的 R, G, B, A 介於 0~1 之間,R, G, B 為紅、綠、藍,A 則為透明度,當為 0 時物件將會消失。RGB 可透過色碼表查詢,並將得到的數值除以 255 獲得。

```
local rect = display.newRect(display.contentCenterX, display.contentCenterY, 100, 100)
rect.fill = {0, 0, 1, 0.5}
```

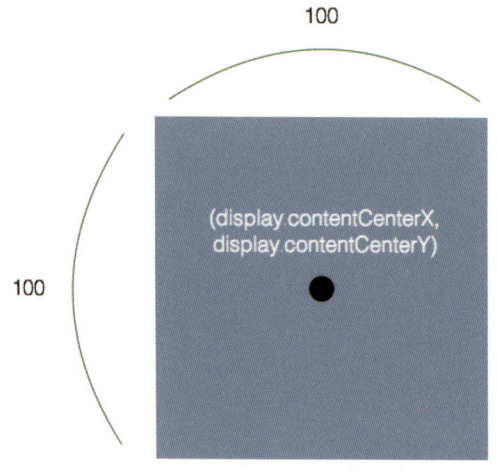

(圖8-29,朱彥銘提供)

● 圓形（Circle）

以下的例子建立一個位於物件中央，半徑為 50 的半透明圓形。

```
local circle = display.newCircle(display.contentCenterX, display.contentCenterY, 50)
circle.fill = {0, 0, 1, 0.5}
```

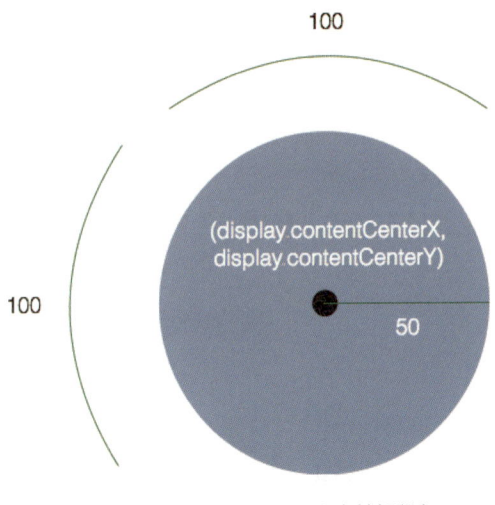

（圖8-30，朱彥銘提供）

● 線條（Line）

基本的線條透過兩個座標建立，但你也可以指定多個座標畫出折線。以下的例子裡便是使用多個點畫出五芒星：

```
local star = display.newLine( 200, 90, 227, 165 )
star:append( 305,165, 243,216, 265,290, 200,245, 135,290, 157,215, 95,165, 173,165, 200,90 )
star.stroke = { 1, 0, 0, 1 }
star.strokeWidth = 8
```

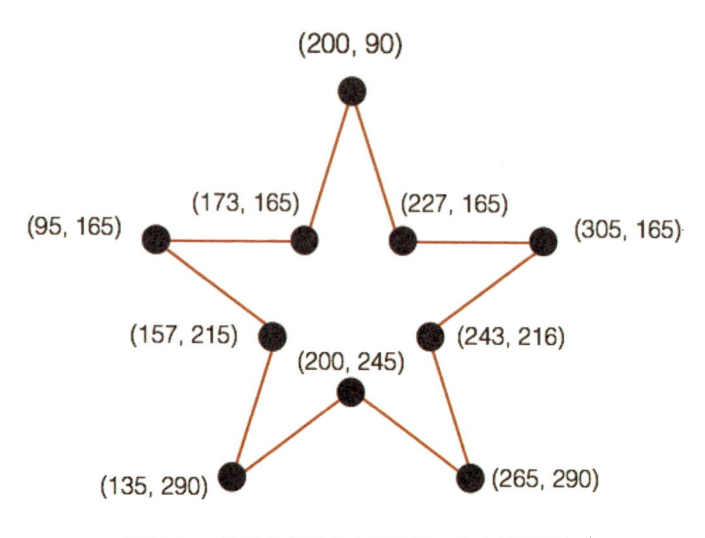

（圖8-31，使用多個點畫出五芒星，朱彥銘提供）

(三) 圖片 (Image)

圖片方面，Corona SDK 支援 png 與 jpg 格式，並使用 display.newImage() 建立圖片顯示物件。圖片通常被用於顯示遊戲背景，大部分的情況我們會使用 Sprite 來顯示遊戲圖像。

（圖8-32，圖片，朱彥銘提供）

```
local background = display.newImage("imgs/full-background.png")
background.x = display.contentCenterX
background.y = display.contentCenterY
```

(四) Sprite

在電腦圖學中，Sprite 泛指遊戲場景中所有的二維的圖像，例如：角色、敵人、道具等等，如果我們一一將這些圖用 Image 的方式加載近來，遊戲會花非常多時間在讀取，因為 Sprite 的數量實在太多了。由於這些圖像通常都不大，我們可以將這些圖像集合起來，成為一張大圖，減少讀取的次數，而這張圖就被稱作 Sprite sheet。

在 Corona SDK 中，Image 與 Sprite 函式庫都支持從 Sprite sheet 中抽取單張圖像並顯示出來的功能。不同的是，Sprite 函式庫除了支持顯示靜態圖片，還包含了動畫的處理。舉例來說，一張 Sprite sheet 內包含角色所有走路的 Sprite，使用 Sprite 函式庫可以將這些圖從 Sprite 抽取出來，變成一個連續的動畫。

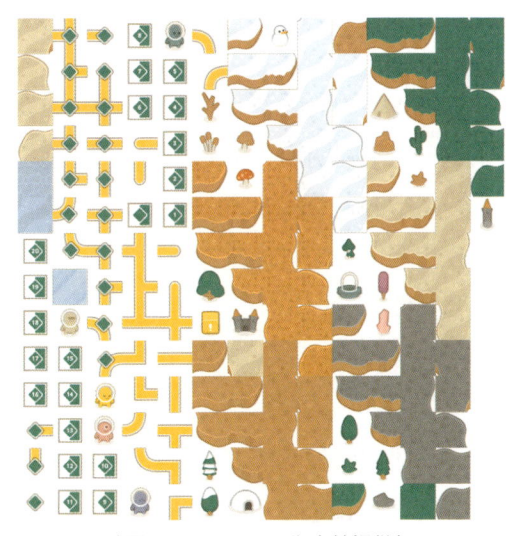

（圖8-33，Sprite，朱彥銘提供）

（圖8-34，Sprite，朱彥銘提供）

為了要從 Sprite sheet 抽取圖像，我們必須要先有 Sprite sheet 的定義檔。定義檔必須明確的表示每個 Sprite 在 Sprite sheet 中的位置，以下範例中即定義了每個走路動畫影格在 Sprite sheet 中的位置：

範例詳見東華書局網站：第二章 /2-3/corona-basic.lua

為了方便程式碼的維護，這邊建議讀者讓每個 Sprite sheet 都有自己的定義檔，而不是將它們都寫在同一份檔案。而透過這樣的定義檔，我們才可以用少量且易讀的程式碼顯示遊戲動畫：

範例詳見東華書局網站：第二章 /2-3/main.lua

定義檔可以手動產生，也可以使用一些自動化方案，例如提供的範例便是使用 Texture Packer 產生的。

四、聲音（Audio）

遊戲中的聲音包括背景音樂與特效音，背景音樂會循環播放，而且會根據關卡的不同切換，舉例來說：當玩家遭遇 Boss 戰的時候，會切換到比緊張的音樂，當 Boss 戰結束後，又會切換回原本的音樂。特效音就不同了，特效音的播放時間很短而且通常不會重複，像是物體碰撞、爆炸、閃光等等的聲音都是屬於特效音。

(一) 播放（Play）

播放的聲音檔必須先通過 loadStream() 或是 loadStream() 加載進來，取得一個聲音 handle。然後再用 play 與先前取得的 handle 播放。成功播放後會取得一個 channel number，這個 channel number 會被用在後續該聲音的停止、暫停、恢復行為上。當然你也可以指定 channel，讓該聲音在指定的 channel 播放，舉例來說，我們可以讓背景音樂都在相同的頻道播放，而遊戲設定的頁面就可以透過調整指定頻道的聲音大小，來達到調整背景音樂的聲音大小的功能。

如果是背景音樂，你可能需要將 loops 設定為 -1，讓它循環播放。而背景音樂開始時，你也可以指定 fadein，讓聲音是漸強（從小聲變大聲）地播放，這樣的好處是在音樂切換時比較不會讓玩家覺得：奇怪，怎麼音樂就突然出來了。

```lua
local bgmHandle = audio.loadStream("sounds/bg1.mp3")
local backgroundMusicChannel = audio.play( bgmHandle, {
    channel=1,
    loops=-1,
    fadein=5000
})
```

注意 Corona SDK 目前只支援 32 個 channel，如果全部的 channel 都被佔用，就沒辦法播放新的聲音了。

(二) loadStream() 與 loadSound() 的異同

loadStream() 與 loadSound() 都能將聲音加載到記憶體，那麼它們兩者有什麼不同或相同之處呢？

1. 記憶體與 CPU

loadStream() 不會將完整的聲音檔載入記憶體，而是會將聲音加載進一段 buffer，試著去最小化該聲音的記憶體使用量，所以 loadStream() 一般用於播放較大較長的聲音檔，像是背景音樂和演講。而 loadSound() 則會將整個音樂檔案加載進記憶體，由於不需要像 loadStream() 一樣操作 buffer，loadSound() 會佔用較少的 CPU。如果你的聲音檔很小而且很常被播放：像是射擊遊戲中的子彈聲音，就會建議使用 loadSound()。

2. 多 channel 同時播放

此外被 loadStream() 加載的聲音實體沒辦法同時在不同的 channel 播放。如果你希望多個 channel 同時播放被 loadStream() 加載的聲音，就必須用 loadStream() 加載多次。但是被 loadSound() 加載的聲音卻沒有這樣的限制，loadSound() 加載的聲音只需要要加載一次，就可以同時在不同的 channel 播放。

3. 重新播放

重新播放的意思是指：先使用 audio.stop() 停止聲音，之後再使用 audio.play() 播放剛才被停止的聲音。重新播放的時候，會發生什麼事情呢？

如果你的聲音是透過 loadStream 加載，就會從上次停止的地方繼續播放。反之，如果是 loadSound 加載的聲音，則會從頭播放。如果 loadStream 加載的聲音再次從頭播放，就必須使用 audio.rewind()。

4. 倒帶 (rewind)

audio.rewind() 可以讓聲音從頭播放。其中參數可以接受 channel 或是 handle。而要帶入什麼樣的參數，則是跟聲音當初被怎樣加載有關的。如果聲音是透過 loadSound() 加載,由於當初 loadSound 的設計就是為了能在多個 channel 有效率的同時播放同一個 handle,所以 loadSound() 的聲音要倒帶只能帶入 channel 參數。反正 loadStream() 加載的聲音可以透過 channel 或是 handle 倒帶。有趣的是,如果在被 loadStream 加載的聲音正在播放的時候,倒帶該聲音,你會發現聲音會持續一段時間,將 buffer 內的聲音播完,才會從頭播放。如果你希望在 loadStream() 的機制下做到馬上從頭播放的效果,你可以先透過 audio.pause() 暫停,然後再倒帶。

5. 回收機制

不管你使用的是 loadStream() 或是 loadSound(),將聲音透過 audio.dispose() 回收,是開發者的責任,Corona SDK 並不會幫你回收沒有在使用的聲音。

透過 audio.dispose() 回收後,可以釋放該聲音佔用的 handle 與記憶體。然而在大部分的用途上,開發者也許會希望聲音資源在遊戲結束前都能一直存在,因為遊戲聲音佔用的記憶體很小,完全不必擔心記憶體超量的問題。在這種情況下,開發者當然就不需要煩惱如何回收聲音資源了。

(三) 暫停

1. 暫停全部聲音

```
audio.pause(0)
```

2. 暫停指定頻道的聲音

```
audio.pause( backgroundMusicChannel )
```

(四) 停止

1. 停止全部聲音

```
audio.stop()
```

2. 停止指定頻道的聲音

```
audio.pause( backgroundMusicChannel )
```

(五) 恢復

1. 恢復全部聲音

```
audio.resume(0)
```

2. 暫停指定頻道的聲音

```
audio.resume( backgroundMusicChannel )
```

(六) 倒帶（Rewind）

```
audio.rewind( { channel = backgroundMusicChannel} )
audio.rewind(bgmHandle)
```

成功會回傳 true，反之則回傳 false。

(七) sfx.lua

內容豐富的遊戲通常伴隨著豐富的音樂，這些音樂檔案就和 sprites 一樣，需要一個 module 集中管理，這樣做的好處除了讓程式碼維護容易外，也能避免頻繁加載音樂造成的效能低落問題。這裡提供讀者一個能集中管理聲音檔案的 module：sfx.lua。

sfx.lua 會先透過 loadSound() 將聲音預載，並且在 init() 初始化保留的 channel 和音量。

範例詳見東華書局網站：第二章 /2-4/sfx.lua

此外讀者可以將 gameConfig 取代成自己遊戲內的設定檔，gameConfig 內的 soundOn 可以決定聲音是否要播出，這在實作靜音功能的時候非常有用。

```
--
-- gameConfig.lua
--
local config = {}
config.soundOn = true
return config
```

五、小試身手

(一) 利用 Corona 做時鐘

這邊使用 windows 介面來做示範。

1. 新增專案

    File – New Project 並預設畫面 320×480。

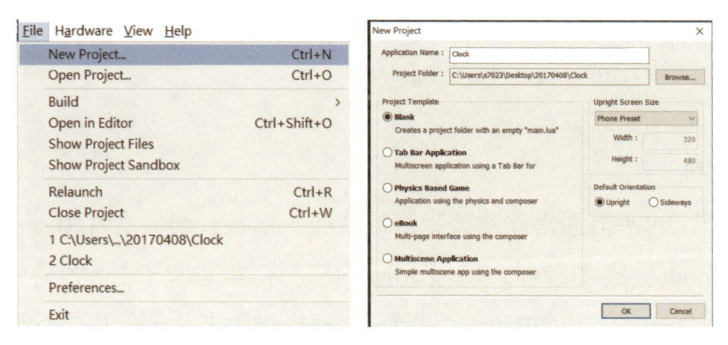

    （圖8-35，預設畫面 320×480，朱彥銘提供）

2. 新增背景

    尋找背景圖。

    （圖8-36，背景圖，朱彥銘提供）

8-50

3. 撰寫 main.lua

　　local background = display.newImage("圖片" , X 軸中點 , Y 軸中點)

```
local background = display.newImage("purple.png",160,240)
```

（圖8-37，撰寫 main.lua，朱彥銘提供）

4. 新增時間標籤

　　local label = display.newText("文字" , X 軸中點 , Y 軸中點, 字型, 大小)

5. 文字加上顏色，依照 RGB 順序

　　Label:setFillColor(131/255, 1, 131/255)

```
local hourLabel = display.newText (clock,"hours",220,100,native.systemFont,40)
hourLabel:setFillColor( 131/255, 1, 131/255 )
local minuteLabel = display.newText (clock,"minutes",220,250,native.systemFont,40)
minuteLabel:setFillColor( 131/255, 1, 131/255 )
local secondLabel = display.newText (clock,"seconds",220,400,native.systemFont,40)
secondLabel:setFillColor( 131/255, 1, 131/255 )
```

（圖8-38，新增時間標籤，朱彥銘提供）

6. 新增時間

　　local textField = display.newText("文字", X軸中點, Y軸中點, 字型, 大小)

7. 文字加上顏色，依照 RGB 順序，第四個參數透明度

　　hourField:setFillColor(1, 1, 1, 70/255)

```
local hourField = display.newText ("hours",100,90,native.systemFontBold,180)
hourField:setFillColor( 1, 1, 1, 70/255 )
local minuteField = display.newText ("minutes",100,240,native.systemFontBold, 180)
minuteField:setFillColor( 1, 1, 1, 70/255 )
local secondField = display.newText ("seconds",100,240,native.systemFontBold,180)
secondLabel:setFillColor( 1, 1, 1, 70/255 )
```

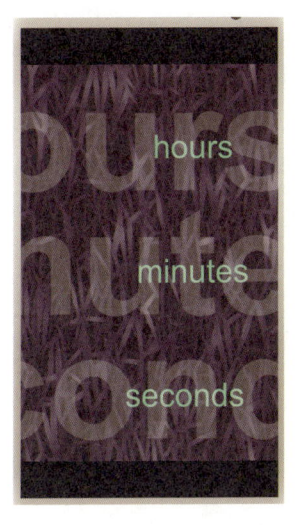

（圖8-39，利用函式來更新時間，朱彥銘提供）

8. 新增時間上的字

需要利用函式來更新時間：

```
local funcrion updateTime()
  local time = os.date("*t") -- 抓取系統目前時間

  local hourText = time.hour -- 設定小時的字串
  if (houtText < 10) then hourText = "0" .. hourText end -- 如只有個位數則補 0
  hourField.text = hourText -- 將時間加上去

  local minuteText = time.min -- 設定分鐘的字串
  if (minuteText < 10) then minuteText = "0" .. minuteText end -- 如只有個位數則補 0
  minuteField.text = minuteText -- 將時間加上去
```

```
local secondText = time.sec -- 設定秒鐘的字串
if (secondText < 10) then secondText = "0" .. secondText end -- 如只有
個位數則補 0
 secondField.text = secondText -- 將時間加上去
end


updateTime -- 修正當前時間
```

9. 讓時間動起來

設定時間延遲 timer.performWithDelay（間格毫秒,函式,執行次數）

```
local clockTimer = timer.performWithDelay( 1000, updateTime, -1 )
```

執行次數 -1 為無限次。

10. 匯出 APK 檔

File – Build - Android。

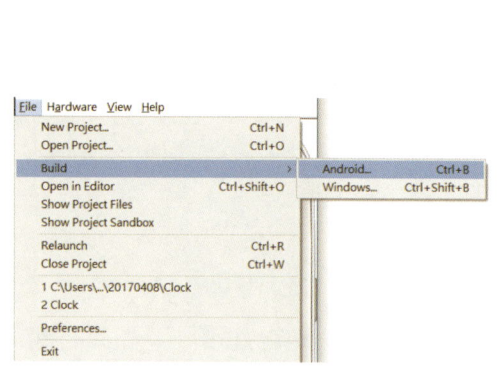

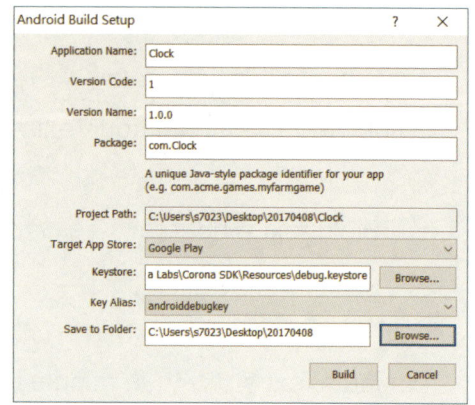

（圖8-40，匯出 APK 檔，朱彥銘提供）

11. 即可安裝在 android 手機上執行囉！

8.3　Corona SDK 太空射擊遊戲模板

經典太空射擊遊戲源自於 1962 年 SpaceWar! (https://www.youtube.com/watch?v=Rmvb4Hktv7U)，由於遊玩方式簡單，遊戲物件也不多，是學習遊戲設計很好的開始。從太空射擊遊戲延伸出來許多 STG (Shoot'em Up Game)，像是經典的雷電、蟲姬、Sky Force 等等。這裡我們提供一個太空射擊遊戲的模板，除了透過它學習程式設計外，也可以創造自己的遊戲。

這個遊戲模板，spaceshooter，預設的遊玩模式是無止盡的，只有當玩家死亡才能結束，玩家的目的是獲得更高的分數，將分數與自己的名稱留在排行榜上。當然你也可以修改此模板，讓遊戲可以真正的結束。

一、關於專案

(一) 取得專案

你可以透過 git 取得專案，或是直接進入 github 的頁面下載 zip 檔。

```
git clone https://github.com/keviner2004/shoot-em-up
```

(二) 更新專案

你可以直接 git pull 來取得最新的版本，如果你對不熟悉 git，可以從 github 頁面下載 zip 檔，並自己手動進行程式碼的合併。

```
git pull
```

(三) 開啟遊戲專案

開啟此專案前你必須先安裝 Corona SDK，並以 Corona Simulator 開啟 main.lua。

二、遊戲方式

遊戲的一開始必須先輸入遊戲 ID，遊戲 ID 會顯示在得分板上，玩家可以隨時更改自己的遊戲 ID。

（圖8-41，輸入遊戲 ID，朱彥銘提供）

玩家操控一架不斷發射子彈的飛機，擊落迎面而來的敵人，透過取得道具與操作技巧，想辦法生存到最後，無限模式中每隔一段時間會遭遇魔王（Boss），魔王擁有多變的攻擊模式，與非常多的血量。

（圖8-42，遭遇魔王，朱彥銘提供）

遊戲結束後會統計玩家得分並將結果記錄在得分板。得分板分為本機得分板與全球得分板，本機得分板只會顯示記錄在該台裝置上的分數。每當完成遊戲，記錄會傳送至全球得分板上，全球得分板會顯示世界各地玩家的最高分數。

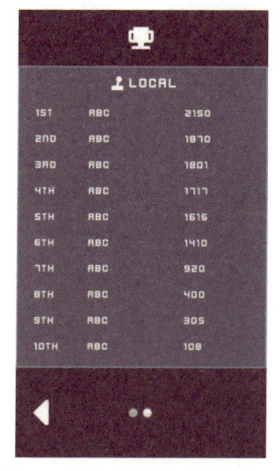

（圖8-43，得分板，朱彥銘提供）

　　本模板支援雙人模式，雙人模式下，玩家共用同一個生命槽，即是任一個玩家被消滅都會減少生命數量，所以必須要有默契的兩個人才能在多人模式獲得較高的分數。

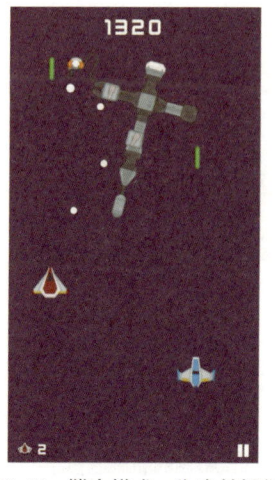

（圖8-44，雙人模式，朱彥銘提供）

創意實作 ▶ 遊戲 APP 開發入門

在預設遊玩模式下,當玩家生命值消耗殆盡,遊戲便會結束,結束後玩家可以選擇重新開始或是回到主選單。

(圖8-45,遊戲結束,朱彥銘提供)

三、場景(Scenes)

spaceshooter 的場景管理是使用 Corona 官方發布的 composer 函式庫。場景檔案位於 scenes 目錄下,以下是場景轉換的簡單流程圖:

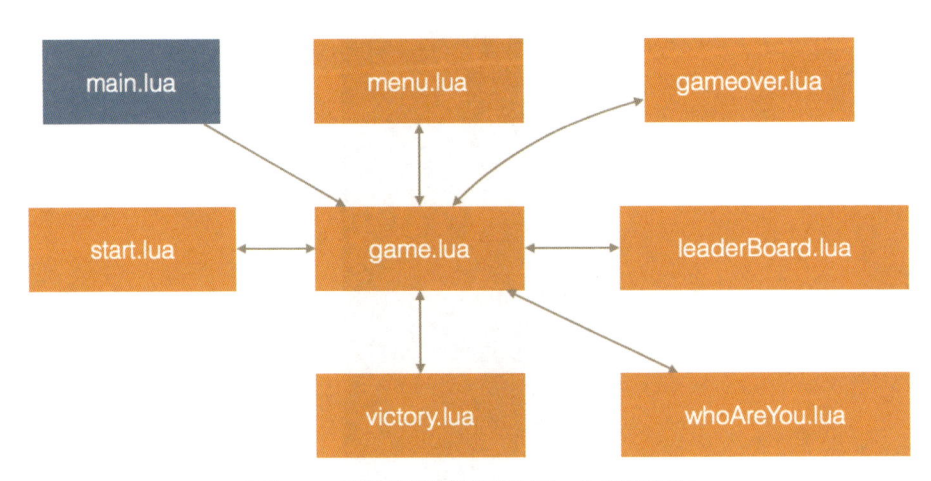

(圖8-46,場景轉換的簡單流程圖,朱彥銘提供)

8-58

（一）main.lua

main.lua 並非場景檔案，而是程式的進入點，在這裡會完成與裝置相關的系統設置與部分功能的初始化。與大部分遊戲不同的是，main.lua 不會直接進入負責開始畫面的場景：start.lua。這是因為此模板除了 game.lua 之外的場景，都是被設計成覆蓋（overlay）選單，所以 main.lua 會直接進入場景 game.lua，而 game.lua 再帶出覆蓋選單 start.lua。

注意，在 Corona composer 場景管理函式庫中，所有場景都可以使用 composer.showOverlay() 將該場景覆蓋在目前的場景上，或使用 composer.gotoScene() 直接進入該場景。

（二）game.lua

game.lua 是遊戲進行的地方，是所有場景之中最複雜的。它提供了可以控制遊戲進度的方法：開始遊戲 startGame()、暫停遊戲 pauseGame()、恢復遊戲 resumeGame()，以及清除遊戲 clearGame()。

當進入 game.lua，game:create() 會先進行部分遊戲物件的初始化。接著 game:show() 則會根據帶入場景的參數而有不同的行為：當遊戲為第一次進行或玩家按下回到開始選單的按鈕時，會帶出 start.lua 場景，而當玩家按下開始遊戲按鈕與重新開始按鈕時，則會開始遊戲。當玩家試圖離開或重新進入 game.lua：像是重新開始遊戲與回到開始畫面，函式 game:hide() 會進行遊戲的重置，回收過時的遊戲物件，以進行下一輪遊戲。

（三）start.lua

start.lua 是遊戲的開始畫面，它包含遊戲 Logo、版號、還有一個讓玩家進入遊戲的按鈕。

(四) menu.lua

menu.lua 是當遊戲進行到一半時，玩家按下暫停出現的選單。它讓玩家可以調整系統設定、恢復、重新開始或是離開遊戲。

(五) gameover.lua、victory.lua

當玩家消耗完生命值，無法繼續遊戲時，便會出現遊戲結束的場景 gameover.lua；反之，玩家如果完成了全部的關卡，便會出現完成遊戲的場景 victory.lua 。這兩個場景都提供可以離開遊戲、重新開始遊戲的按鈕。

(六) newHighScore.lua

不管玩家在遊戲中勝利或是失敗，當玩家獲得了更高的分數，都會進入場景 newHighScore.lua。newHighScore.lua 包含一個簡單的文字輸入框，讓玩家輸入在排行榜出現的名稱。按下確認後，分數會被記錄下來，並視情況上傳至排名伺服器。

(七) leaderBoard.lua

leaderBoard.lua 是顯示排行榜的場景，排行榜分為兩種：本地排行，與全球排行。本地排行是根據該裝置的儲存紀錄排名，而全球排行是根據排名伺服器的資料排名。

(八) whoAreYou.lua

whoAreYou 是讓玩家輸入自己暱稱的場景，輸入的名字會被儲存在資料庫，顯示在得分板上。

四、美術（Art）

遊戲美術是採用 Kenny Asset，http://kenney.nl/assets ，它是 CC0 License，可以免費使用在個人或是商用專案。如果你很喜歡 Kenny 的美術，也別吝嗇到 Kenny 商店贊助：http://kenney.nl/shop 。讓好的創作者有動力創作更好的作品。

五、關卡（Levels）

關卡是透過 Level.lua 管理。Level.lua 會根據 gameConfig.gameLevels 調整關卡內容。關卡分類如下：

（一）魔王關卡（Boss level）

被標記為 Boss Level 的關卡，開始前會先出現警告。Boss Level 會有一個魔王（Boss），在無限模式中，玩家必須要打倒魔王才能繼續前進。

（二）普通關卡（Normal level）

除了 Boss level 外的關卡皆為 Normal level，Normal level 可以有很多種變化，像是消滅一定數量的敵人、解救人質、閃避隕石等等。

（三）新增一般關卡

新增一般關卡的方式非常簡單：

新增關卡檔

關卡必須繼承 Sublevel.lua，這裡提供一個簡單的範例：level_simplest_example.lua，示範如何用最少的程式碼實作一個關卡。這個例子裡，我們指定 duration 為 30,000 毫秒（30 秒），這代表如果玩家在此關卡開始後，過了 30 秒依然存活的話，便會結束目前關卡，接著進行下一關。也由於沒有新增任何遊戲物件的關係，遊戲開始後的畫面只會出現玩家。9999999-015 是關卡的 id，每個關卡都必須有一個獨一無二的 level id，這會被用來區分每個關卡單獨執行時的得分。由於 level id 最長 20 碼，而且必須獨一無二。

當關卡檔案完成後，我們必須要將它放在 levels 資料夾裡。關於放置的方法：你可以直接將檔案放進去，這時候關卡路徑會是 levels/level_simplest_example.lua；或是放進建立的子目錄內：levels/myLevel/level_simplest_example.lua。這邊為了方便管理，採用的是後者的方法。

(四) 設定 gameConfig.lua：

無限模式設定方式

不論你選擇如何放置你的關卡檔案，都要在 gameLevels 設定關卡位置，這樣一來，模板才能順利將指定的關卡顯示出來：

修改後：

```
config.gameLevels = {
    "default.level_boss_1",
    "default.level_1",
    "default.level_2",
    "default.level_3",
    "default.level_4",
    "default.level_5",
    "default.level_bonus",
    "myLevel.level_simplest_example" --added level
}
```

修改之後，遊戲便會隨機執行設定檔內的這 9 個關卡檔案，當然為了方便測試，你也可以只留下你所設計的關卡，這樣遊戲便會重複執行同一關。

(五) 在關卡內新增敵人

這裡我們利用模板中已經建立好的遊戲物件：Enemy.EnemyPlane，來示範如何用最少的程式碼在關卡內新增敵人。

範例詳見專案：levels/myLevel/level_single_enemy.lua

這個關卡會出現一架由上往下飛行的飛機。首先我們先新增敵人物件（第8行），並記得透過方法 insert 加入關卡之中。加入關卡的物件才能順利地被遊戲功能所套用，像是暫停、恢復、重新開始。

注意遊戲物件在關卡結束前必須適當的回收，否則遊戲會因為不斷增加的物件而崩潰。所以這裡我們調用方法 autoDestroyWhenInTheScreen，會在物件進入遊戲畫面時，開始自動回收，所謂的自動回收是指：當物件離開遊戲畫面時，會被系統所回收。

如果你希望你的遊戲物件可以反覆地進出遊戲畫面，那麼 autoDestroyWhenInTheScreen 就不適合，因為你會發現當你的遊戲物件離開遊戲畫面後，它就會消失了。這時候你必須自己呼叫遊戲物件中的方法 clear() 來回收。

(六) 自訂關卡結束條件

要自訂關卡結束的條件，你必須先移除 duration 設定，並且覆寫判斷關卡結束的方法 Sublevel:isFinish()。關卡管理器會在每幀檢查這個方法的回傳值，如果回傳的是 True，則會結束此關；反之，則會繼續讓關卡執行。注意，所謂的結束關卡並不代表遊戲會自動回收目前遊戲畫面上的所有物件，而是會接著進行下一關。你必須善盡回收遊戲物件的責任。

範例詳見專案：levels/myLevel/level_custom_finish.lua

以上的例子使用 util.isExist 判斷遊戲物件是否消失，如果物件消失了，便結束關卡。而且為了讓 myLevel:isFinish() 能順利取得 enemy 物件，我們在第17行將它設定為此關卡的屬性。

(七) 動態關卡 (Dynamic level)

在這個遊戲模板中，遊戲模式可以分為無限模式 (Infinite mode) 與單一關卡模式 (Single level mode)，無限模式如之前所提，開始遊玩後關卡間會不斷循環，直到玩家死亡。而在單一關卡模式中 (如圖8-47) 玩家可以從多個關卡中選擇一關遊玩。

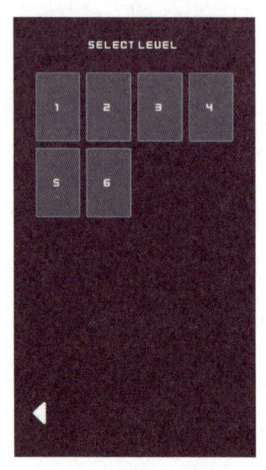

（圖8-47，多個關卡中選擇一關遊玩，朱彥銘提供）

單一關卡的關卡檔案與無限模式並無不同，但是必須在 gameConfig.lua 中的 config.seperateLevels 註冊：

```
config.seperateLevels = {
    "default.level_1",
    "default.level_2",
    "default.level_3",
    "default.level_4",
    "default.level_5",
    "myLevel.level_dynamic",
}
```

那麼什麼是動態關卡呢？動態關卡的意思即是：將同一個關卡檔案運用在不同的遊戲模式中。

你可以透過 sublevel 中的 gameMode 屬性取得當前的遊戲模式，如果 gameMode 為 GameConfig.MODE_SINGLE_LEVEL，則代表玩家目前正在遊玩單一關卡模式；如果是 GameConfig.MODE_INFINITE_LEVEL，則代表目前正在遊玩無限模式。

下面的例子即是透過這樣的技巧，讓同一個關卡的敵人在不同模式中有不同的行為，在單一關卡模式中，該敵人會往下飛行，而在無限模式中，則會往右下方飛行：

範例詳見專案：/levels/myLevel/level_dynamic.lua

六、位置 (Position)

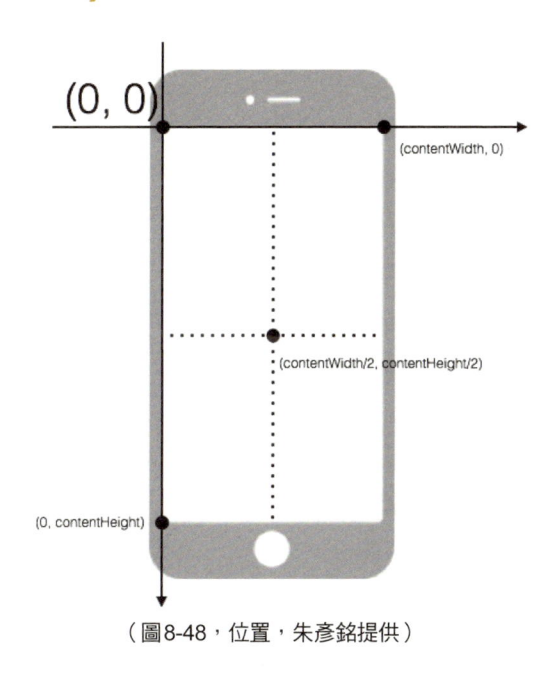

（圖8-48，位置，朱彥銘提供）

在 Corona 中，螢幕的原點在左上角，越往右，x 座標越大；越往下，y 軸座標越大；反之，則越小。contentWidth 為螢幕的寬、contentHeight 為螢幕的長，也因此螢幕的中心點為 (contentWidth/2, contentHeight/2)。

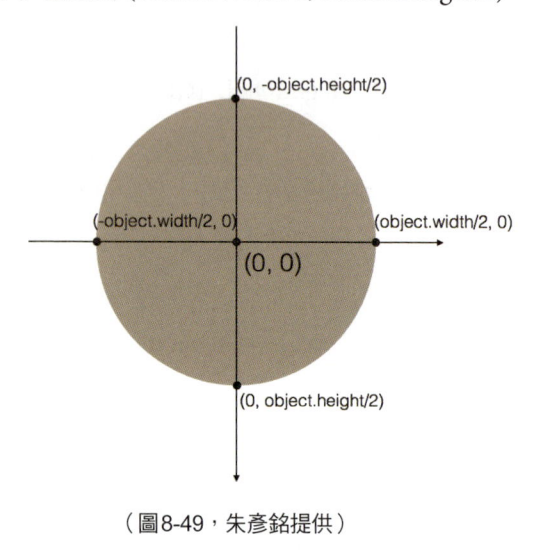

（圖8-49，朱彥銘提供）

但是顯示物件（Display Object）就不是這麼回事了，顯示物件預設的座標原點並非在左上角，而是在物體中心。讓我們看看以下這段程式碼就會更清楚：

```
--position/main.lua
local circle = display.newCircle(0, 0, 200 )
circle.fill = {1,0,0} --red circle

local circle2 = display.newCircle(display.contentWidth/2, display.contentHeight/2, 200 )
circle2.fill = {0,1,0} --green circle

local circle3 = display.newCircle(display.contentWidth, display.contentHeight, 200 )
circle3.fill = {0,0,1} --blue circle
```

輸出結果：

　　紅色的圓圈（circle）設置在螢幕原點 (0, 0) 的位置，但由於物件的原點是在正中間，所以只會顯示出右下角 1/4 的圓。同理，藍色圓圈（circle 3）因為是設置在右下角 (display.contentWidth, display.contentHeight)，只會顯示左上角的部分。而綠色的圓圈（circle 2）設置在螢幕正中央 (display.contentWidth/2, display.contentHeight/2) 的緣故，則會顯示出完整的圓。

（圖8-50，輸出結果，朱彥銘提供）

練習：
　　試著在自己的關卡中新增三個敵人，並將他們擺放到不同的位置。

七、移動（Move）

　　移動遊戲物件大致上分成兩種方法：物理（physics）與 非物理（non-physics）移動。在新增敵人一節中，我們使用 setLinearVelocity 方法來移動敵人物件，這就是物理的方式。

(一) 物理移動（Physical move）

1. 線性移動（Linear move）

　　物理的移動是依賴 Corona 物理引擎達成的，物理移動具有 Physics body 的物件有效。其中最基礎的移動方式是使用 setLinearVelocity() 設定物體線性速度，讓物體直線移動。setLinearVelocity 有兩個參數，分別是 xVelocity 與 yVelocity，各自代表水平與垂直方向的速度。

8-67

Syntax

object:setLinearVelocity(xVelocity, yVelocity)

xVelocity, yVelocity (required)

Numbers. 速率值，單位為像素 / 秒。

xVelocity 為水平方向速度，yVelocity 則為垂直方向速度。當 xVelocity > 0，物體會向右移動；反之，則向左移動。當 yVelocity < 0，物體會向上移動；反之，則會向下移動。若 xVelocity 與 yVelocity 皆為 0。舉例來說，object:setLinearVelocity(300, 300) 即是使物體每秒向下、向右移動 300 個像素。

2. 追蹤 (Seeking)

我們可以利用 setLinearVelocity 來實作追蹤的功能。為了實作追蹤功能，我們需要三個數值：追蹤者目前的速度：velocity、追向目標的理想速度：desired velocity，以及轉向力：steering。

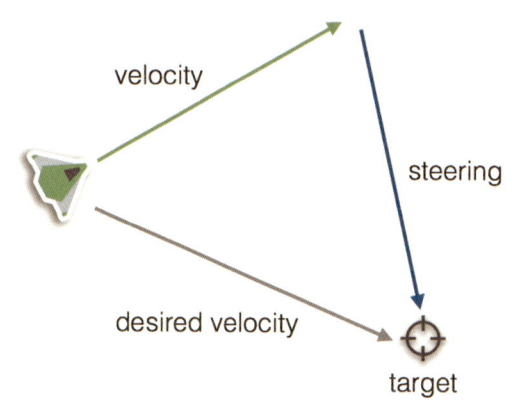

（圖 8-51，追蹤，朱彥銘提供）

desired velocity 是朝向目標（Target）的速度，它的方向透過將目標與物體相減取得，大小則是根據追蹤的效果而定，越大的 desired velocity 會讓物體更快速地追蹤到物體。

有了 desired velocity，我們就可以取得轉向力：steering。轉向力會在遊戲每禎施加在追蹤者上，讓它漸漸的朝目標移動，進而達到追蹤的效果。steering 除了影響 desired velocity，也影響**轉向**的速度，steering 越大，追蹤者會越快轉向目標。

順帶一提，move 函式庫已經提供了追蹤物體的方法，你不用特別花力氣去實作追蹤的功能，這裡我們會示範它的使用方式：

範例詳見專案：levels/myLevel/level_seek_1.lua

以上的例子裡，我們先設置敵人的速度，然後我們使用 move.seek 方法去追蹤對象。move.seek 的第一個參數是追蹤者，第二個參數則是目標，第三個參數則是可以調整 seek 行為的選項。maxForce 代表轉向力的大小，當轉向力越大，追蹤者會越快轉向目標；反之，越慢。

3. 重力場（Gravity field）

當你放置重力場到場上，啟用物理運算的物體可能被它吸引，你可以藉由放置重力場改變物體軌跡。以下的範例中放置了一個重力場（第 10 行）。並且將敵人免疫重力場的屬性設定為 false（第 15 行）。如果沒有將遊戲物件中的 immuneGravityField 設定為 false，該物件是不會被重力場影響的。當然你也可以放置多個重力場，觀察物體的移動變化。如果你想看到重力場的大小，可以將 gameConfig.debugPhysics 設為 True。

範例詳見專案：levels/myLevel/level_custom_gravity_hole.lua

（二）非物理移動（Non-physical move）

非物理的移動方式依賴 Corona SDK 提供的 transition.to 方法或是開發者自己在每禎將物件移動到對應的位置。非物理的移動不需仰賴被移動對象啟用物理運算，只要是顯示物件都可以使用非物理的移動方式。

1. transition.to

範例詳見專案：levels/myLevel/level_transition_1.lua

我們可以在參數內添加 onComplete，定義 transition 結束時的行為，它會在 transition 結束時被呼叫。透過這樣的技巧，我們可以將多段的 transition 串連起來，達到多段的線性移動。以下的例子即是透過這樣的技巧，讓物體先往右上角移動，當物體達到右上角的位置時，再往左下角移動，最後移出螢幕外被回收。

範例詳見專案：levels/myLevel/level_transition_2.lua

2. 指定路徑（Path）

如果你希望物件以不規則的方式移動，你必須提供路徑。所謂的路徑，是指一連串的點，當你提供越多的點，移動上會精確，但也會消耗越多效能，所以在效能與流暢度之間取得平衡是很重要的。這裡示範如何使用 move.followN 讓物體在提供的路徑上移動。

move.followN，顧名思義，是讓物體隨著 N 個點移動，第一個參數是帶入被移動的物體，第二個參數則是路徑，第三個則是作為改變移動行為的選項。首先我們先指定物體的起始位置 (0, 0)（第 12，13 行）。

接著指定路徑：(gameConfig.contentWidth, gameConfig.contentHeight/2) 與 (enemy.width, gameConfig.contentHeight)（第 15～18 行）。最後在第 21 行調用 move.followN 移動物體。如此一來，物體便會從螢幕左上角，移動到螢幕右側中央，再移動到螢幕左下角。

這個例子指定了第三個參數調整移動的行為，透過指定 speed 決定物體移動的速度，單位為像素／秒。並指定 autoRotation 讓物體隨著移動方向自動轉向。回收物件的部分也做了小變化，透過指定 onComplete，讓物體移動到最後一個點時回收自己。

範例詳見專案：levels/myLevel/level_path.lua

3. 曲線移動（Curved move）

要怎樣讓物體進行曲線移動呢？我們當然可以用物理的方式達成，例如放置重力井，但這樣的作法會很難讓我們預估實際上產生的軌跡。

另一個作法是：其實我們可以先產生曲線路徑，再讓物體沿著路徑上的點移動。那麼要如何產生曲線呢？你可以透過人工的方式一個一個點指定，或是採用本模板提供的曲線產生方法：move.getCurve。

move.getCurve 有兩個參數，第一個參數為參考點，第二個則為採樣點數。透過這兩個參數，我們可以產生貝茲曲線 (Bezier curve)。貝茲曲線在遊戲內被運用得相當廣泛，它可以作為路徑，也可以作為動畫參考數值，舉例來說，消失的動畫效果可以是線性的消失，透過在每禎降低固定的 alpha 數值達成。但如果我們希望它會隨著時間的增加，而消失得更快，就可以使用貝茲曲線定義每禎應該調降的 alpha 幅度，達到非線性的動畫效果。(http://www.css3beziercurve.net)

在本模板中，我們只將貝茲曲線用來描繪路徑。如圖8-52，貝茲曲線是由 4 個參考點產生的，你可以透過運行：CurveDrawing (https://gitlab.com/keviner2004/CurveDrawing) 專案取得這四個參考點，並套用在 move.getCurve 上。

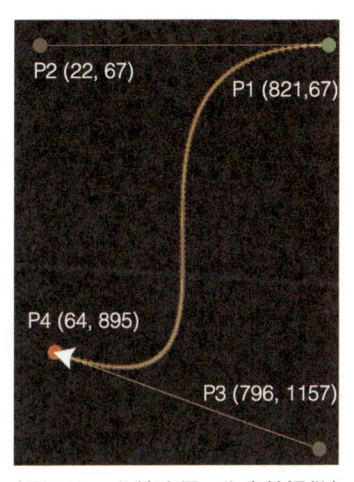

（圖8-52，曲線路徑，朱彥銘提供）

我們直接看一下實際的例子，在以下的程式碼中，我們先在 11~18 行產生曲線路徑，取樣的點數為 100，這代表我們會用 100 個點描繪曲線，這在大部分的情況已經很夠用了。並在 20~21 行將物體的起始點設定為路線的起點，最後將路徑帶入 move.followN（第 24 行），物體便會沿著路徑上的每個點進行「直線移動」，只有取樣的點夠多，就會看起來像是曲線移動了。也一如先前所提的，太多的取樣點會造成效能負擔，這部分就有待開發者自行取捨了。

範例詳見專案：levels/myLevel/level_curve.lua

4. 繞物移動（Rotated move）

有時候我們只是很單純的希望一個物體環繞另一個物體，最簡單的方式就是使用如下圖的三角函數，在每禎隨著被繞物體的移動而更新位置。

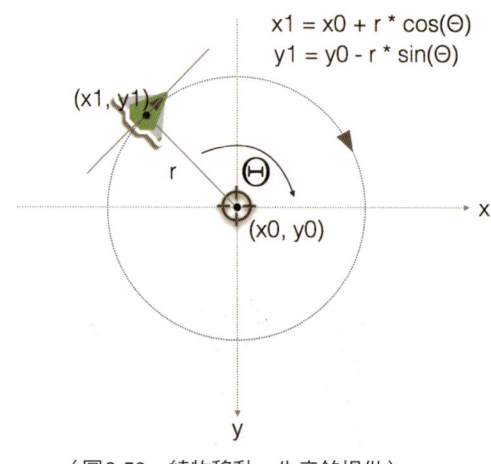

$$x1 = x0 + r * \cos(\Theta)$$
$$y1 = y0 - r * \sin(\Theta)$$

（圖8-53，繞物移動，朱彥銘提供）

move.rotateAround 就是提供這樣的功能。這裡我們使用 move.rotateAround 來實作繞物移動：讓隕石會圍繞著飛機不斷旋轉。move.rotateAround 一共接受兩個參數，第一個是要圍繞的物體，第二個則是圍繞的行為設定。圍繞的選項中，最重要的是 target，它是被圍繞的對象，在以下的例子中即為敵人，接著我們用 speed 調整速度，speed 為每禎要圍繞的角度差。而 distance 則是圍繞的半徑、startDegree 則為物體在圓上的起始的角度。值得注意的是，我們也設置了 onMissTarget，這個方法會在被圍繞的目標消失的時候被呼叫。當被圍繞的目標消失，我們透過三角函數，讓隕石隨著切線移動，也由於設定了 autoDestroyWhenInTheScreen 的關係，當隕石離開螢幕便會消失。

範例詳見專案：levels/myLevel/level_rotate_around.lua

5.旋轉、座標系與三角函數

這裡必須提醒開發者：三角函數所用的座標系與 Corona 的座標系是不同的。也因此在旋轉物件時必須特別小心。三角函數座標系中，y 軸往上其值越大，Corona 座標系則相反。三角函數座標系中，角度的計算是逆時針遞增，0 度指向 x 軸右側，越往逆時針走，角度越大。但 Corona 顯示物件的旋轉座標系剛好相反，0 度指向 x 軸右側，角度則隨著順時針增加。

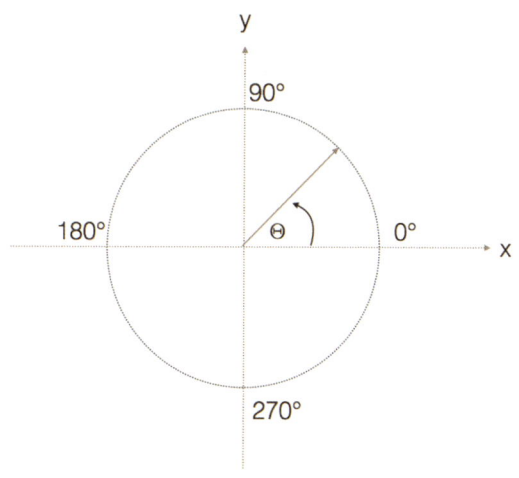

（圖8-54，順時針旋轉，朱彥銘提供）

換言之，當你寫了以下的程式碼，object 會以它的原點為中心順時針旋轉 90 度。

```
object.rotation = 90
```

當角色需要往某個角度 d 移動時，也因為三角函數式座標系與 Corona 座標系 y 軸顛倒，需要在 y 方向加上負號：

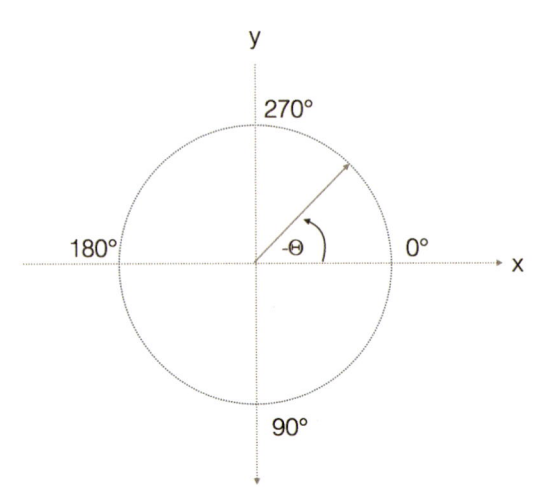

（圖8-55，順時針旋轉，朱彥銘提供）

object:setLinearVelocity(300 * math.cos(math.rad(d)) , -300 * math.sin(math.rad(d)))

注意，math 中的三角函數方法是以弧度作為單位，而不是角度，所以我們要先透過 math.rad 將角度轉為弧度。

6. 每禎移動（Enter frame move）

我們示範如何在每禎自己定義物件的移動位置。本模板的遊戲物件支援一種比 Corona 原生的每禎處理機制還要便利的工具。你只需要使用 GameObject.enterFrame:each ，就可以在每禎處理該物件的任務。與原生機制不同的地方在於，當該物件被移除，添加的禎處理事件也會自動被移除。不須再透過 Runtime:removeEventListener ，手動移除註冊的禎監聽事件。

我們利用 sin 函數的值會在 0~1 震盪的特性，來讓物件左右不斷移動。在第 17~20 行中，我們在每禎將 deg 變數增加，再透過 math.sin 對它進行運算指派給 ratio 變數，這樣一來，我們每禎都可以得到一個 0~1 的數值，如圖8-56。

當 ration 大於 0 時，物件會向右移動，而 ratio 小於 0，則會向左移動。而震盪的幅度取決於 offset 的大小，我們指定它為 0.35 倍的螢幕寬，使物體不會超出螢幕。

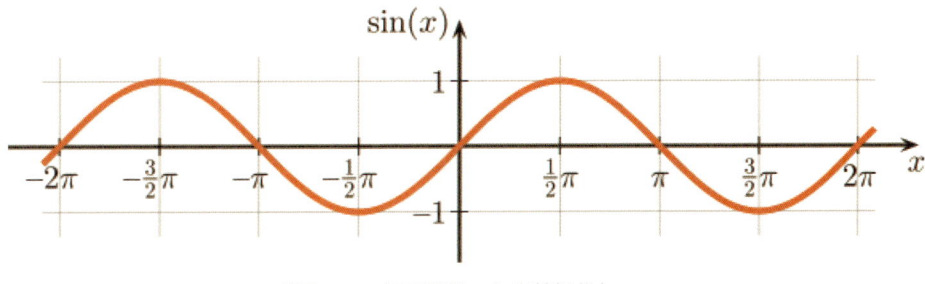

（圖8-56，每禎移動，朱彥銘提供）

範例詳見專案：levels/myLevel/level_sinwav.lua

八、敵人 (Enemy)

遊戲中除了主角，最重要的角色就是敵人了。太弱的敵人會讓關卡變得無聊，太強又會玩不下去，所以當你在設計敵人的時候，請務必根據遊戲的平衡性來調整敵人強度。

以上的例子中，我們都使用 EnemyPlane.lua 來建立敵人物件。如果想要自訂敵人，讓它有更帥氣的外表、更有威脅性的攻擊手段，應該要怎麼做？

(一) 新增檔案

首先你必須新增描述敵人的物件檔案：MyEnemy.lua（名字自訂），並在其中添加程式碼，繼承 Enemy.lua（第 6 行）。檔案的位置根據需求可以放在不同的地方，這邊我們將它放在：levels/myLevel 底下。檔案的位置與名稱會影響之後引用的它路徑。

```
local Enemy = require("Enemy")
local Sprite = require("Sprite")
local MyEnemy = {}

MyEnemy.new = function(options)
    local myEnemy = Enemy.new(options)
    return myEnemy
end

return MyEnemy
```

(二) 建立零件

只是繼承 Enemy.lua 並不會產生圖像，它只是 Corona SDK 中的一個顯示群組 (Display Group)，讓你可以加入自訂的圖像。這裡我們使用本模板提供的圖像產生工具 Sprite.lua，產生飛船的零件，拼裝我們的敵人。Sprite.lua 是非常方便的工具，它可以大幅縮減 Corona SDK 預設的圖像產生流程。

要使用 Sprite.lua，我們得先知道資源的路徑，你可以從 https://gitlab.com/keviner2004/shooting-art/tree/master/default 將資源下載回來，再用「對照」的方式尋找資源。舉例來說：位於 /default/Ships/Parts/Cockpits/Bases/18 位置的圖檔對應的 Sprite 資源位置為 Ships/Parts/Cockpits/Bases/18。

Sprite.lua 會根據指定的資源位置在 Spritesheet 內尋找正確的圖像。所謂的 Spritesheet 是由一連串的圖像組合而成的，如圖8-57：

（圖8-57，Spritesheet，朱彥銘提供）

  Spritesheet 的好處是可以減少圖像讀取的時間，並且縮小圖像佔用的記憶體空間。當你告知了 Sprite.lua 資源位置後，它便會根據該位置找到目標圖像在 Spritesheet 內對應的座標與長寬，最後從預載好的 Spritesheet 內將資源切割出來呈現給顯示端。上述這些複雜的步驟都已經透過 Corona SDK 與 Sprite.lua 處理了，也因此你才能像以下的例子一樣那麼簡單的顯示圖像。

  接下來我們示範如何拼揍出以下的敵人：

（圖8-58，拼揍敵人，朱彥銘提供）

先在程式碼內建立相關零件：

```
local part1 = Sprite.new("Ships/Parts/Cockpits/Bases/18")
local part2 = Sprite.new("Ships/Parts/Cockpits/Glass/25")
--left wing
local part3 = Sprite.new("Ships/Parts/Wings/68")
--right wing
local part4 = Sprite.new("Ships/Parts/Wings/68")
local part5 = Sprite.new("Ships/Parts/Engines/6")
local part6 = Sprite.new("Ships/Parts/Engines/6")
--left gun
local part7 = Sprite.new("Ships/Parts/Guns/8")
--right gun
local part8 = Sprite.new("Ships/Parts/Guns/8")
```

此範例使用到的資源路徑與圖像的對應如下表：

路徑	預覽
Ships/Parts/Cockpits/Bases/18	
Ships/Parts/Cockpits/Glass/25	
Ships/Parts/Wings/68	
Ships/Parts/Engines/6	
Ships/Parts/Guns/8	

(三) 加入零件

接著將新增好的零件加入新建立的敵人物件內，物件顯示的順序決定於加入的順序，先加入物件顯示順序較低，越後面加入的物件會顯示在越前面。

```
--insert to enemy
myEnemy:insert(part7)
myEnemy:insert(part8)
myEnemy:insert(part5)
myEnemy:insert(part6)
myEnemy:insert(part3)
myEnemy:insert(part4)
myEnemy:insert(part1)
myEnemy:insert(part2)
```

(四) 設定屬性

遊戲物件移動的時候，通常需要根據物件指向的位置旋轉，也因此我們會需要定義物件指向的方向：myEnemy.dir。從上圖得知，這個物件指向的位置是 270 度，所以我們將 myEnemy.dir 設置為 270，指向下方 (這個值預設為 90，指向上方)。

```
--set properties
myEnemy.dir = 270
```

(五) 反轉圖像

為了節省系統資源，遊戲的實作上往往會利用相同的圖像去達成不同的效果，在這個例子裡，我們翻轉右方的機翼雨左方的槍管，來實作成左方的機翼與右方的槍管。

```
part3.xScale = -1
part8.xScale = -1
```

變數	翻轉前	翻轉前
part3		
part8		

(六) 定位零件

當在實作遊戲的時候，會有多重解析度的議題：我們會希望具有高解析度螢幕的裝置，採用更清晰的圖源來顯示遊戲物件，例如 720×1080 的解析度會採用 spaceshooter@1x.png，1080×1920 則會採用 spaceshooter@2x.png。

不同圖源的長寬像素是不同的，所以建議你不要直接指定像素來定位零件：part2.y = -10，而是用比例的方式：part2.y = part1.height/8。

以下的例子裡都會根據 part1 的長寬比例來定位零件，以解決多解析度的問題。

```
--position
part2.y = part1.height/8
part3.x = -part1.width/4*3
part3.y = -part1.height/4
part4.x = part1.width/4*3
part4.y = -part1.height/4
part5.x = -part1.width/2
```

```
part5.y = -part1.height/4
part6.x = part1.width/2
part6.y = -part1.height/4
part7.x = -part1.width/2
part7.y = part1.height/4
part8.x = part1.width/2
part8.y = part1.height/4
```

(七) 設定子彈

本模板提供一個非常簡單的方式讓你的敵人發射子彈，首先你先指定子彈來源與建構此子彈所需要的參數。

接著只需要使用 myEnemy:shoot 發射子彈即可。下面的例子使用 addTimer 達到每 1 秒發射 1 個子彈的效果。

注意該 myEnemy:addTimer() 會在 myEnemy 被回收時跟著被回收。這意味著當 myEnemy 透過 myEnemy:clear() 被回收時，便不會繼續執行 shoot()。

```
--setup shoot
myEnemy:setDefaultBullet("bullets.Laser", {laserFrame = "Lasers/2"})

myEnemy:addTimer(1000,
    function()
        myEnemy:shoot({x = myEnemy.x + part1.width/2 , degree = myEnemy.dir, speed = 1000})
        myEnemy:shoot({x = myEnemy.x - part1.width/2 , degree = myEnemy.dir, speed = 1000})
    end
, -1)
```

(八) 開啟物理引擎

如果你不希望你的敵人是無敵狀態，你必須開啟物理引擎的功能，讓它能和其他物件碰撞。

```lua
--enable physic
myEnemy:enablePhysics()
```

全部的程式碼範例詳見專案：levels/myLevel/MyEnemy.lua

(九) 使用自訂的敵人物件

那麼你該如何使用自訂的敵人物件呢？很簡單，只需要先引用它（第2行），接著透過它建立新物件（第7行）就可以了。

```lua
local gameConfig = require("gameConfig")
local Sublevel = require("Sublevel")
local MyEnemy = require("levels.myLevel.MyEnemy")
local util = require("util")
local myLevel = Sublevel.new("9999999-011", "level name", "author name")

function myLevel:show(options)
    local enemy = MyEnemy.new()
    self:insert(enemy)
    --place the enemy out of the screen
    enemy.x = gameConfig.contentWidth/4
    enemy.y = -100
    --move the enemy from the top to bottom with speed 100 pixels/second
    enemy:setScaleLinearVelocity( 0, 50 )
    enemy:addItem("items.PowerUp", {level = 1})
```

```lua
    --destroy the enemy properly
    enemy:autoDestroyWhenInTheScreen()
    self.enemy = enemy
end

function myLevel:isFinish()
    --print("isFinish!??")
    if util.isExists(self.enemy) then
        return false
    else
        return true
    end
end

return myLevel
```

(十) 掉落道具

以下為本模板預設的道具：

資源路徑	功能
items.PowerUp	改變攻擊模式
items.ScoreUp	增加分數
items.ShieldUp	開啟護盾
items.SpeedUp	增加射擊速度

如果你要設定敵人會掉落道具，你可以透過 addItem 新增它，第一個參數是道具的資源路徑，第二個參數則是初始化這個道具時會需要用到參數。

```lua
enemy:addItem("items.PowerUp", {level = 1})
```

(十一) 魔王

1. 建立一個魔王

魔王是敵人的一種，所以要新增魔王的第一步便是新增一個敵人的類別檔案，這裡我們沿用之前建立自訂敵人時的例子，並修改成一個魔王。

2. 更多的血量

魔王通常擁有更多的血量，為了讓之後的 HP 條顯示正確的血量，我們除了透過 hp 來設定更多的血量外，也指定 maxHp 表示血量的最大值：

```
myEnemy.maxHp = 1000
myEnemy.hp = 1000
```

3. 多個階段

一般來說，魔王會有多個階段，例如當血量低於某個數值，該魔王就會使用全新的攻擊手段，這個模板提供一個方便的階段管理器 PhaseManager 來實現這樣的功能，首先我們先引用 PhaseManager，並使用 new 來新增一個實體：

```
local PhaseManager = require("PhaseManager")
--... some codes
local phaseManager = PhaseManager.new()
```

這個例子中，我們希望魔王有三個階段，第一個階段：魔王會發射一發子彈；第二個階段：魔王會發射兩發子彈；第三個階段，魔王會發射三發子彈以及追蹤導彈。其中第一個階段為初始階段，當魔王血量少於或等於 2/3 時，會進入到第二階段；當魔王血量少於 1/3 時，則進入第三階段；血量歸 0 時魔王則被消滅。

有了 phaseManager 的幫助，我們可以利用 phaseManager:registerPhase() 註冊每個階段，registerPhase() 有 4 個參數，分別為階段的名稱、該階段的執行動作、階段完成的條件以及階段完成時要被呼叫的函式。

phaseManager:registerPhase() 的語法

phaseManager:registerPhase(key, action, isFinish, onComplete)

其中，action 可以是表格，與事件呼叫的原理相同，當 action 為表格時，會尋找並執行表格內與 key 同名的函式；若 action 為函示時，則會直接呼叫該函式。

isFinish() 在最後會期待開發者回傳 true 或 false，若回傳 true，則代表該階段結束，並會進行下一個階段。

下一個階段是由 onComplete 的回傳值決定的，onComplete 期待開發者回傳下一個階段的名稱，舉例來說：如果 onComplete 最後回傳的是 stage2，則下一個階段即是註冊為 stage2 的階段。

以下的程式碼註冊了三個階段：stage1, stage2 以及 stage3：

```lua
phaseManager:registerPhase(
    "stage1",
    myEnemy,
    function()
        return myEnemy.hp <= 666
    end,
    function()
        return "stage2"
    end
)

phaseManager:registerPhase(
    "stage2",
    myEnemy,
```

```
        function()
            return myEnemy.hp <= 333
        end,
        function()
            return "stage3"
        end
    )

    phaseManager:registerPhase(
        "stage3",
        myEnemy,
        function()
            return myEnemy.hp <= 0
        end
    )
```

當註冊完了階段,我們必須要決定何時去更新階段的資訊。當然我們可以每一幀去檢查,但這樣會消耗太多的系統資源,這裡我們採用比較聰明的方法:由於我們的階段結束條件都是血量有變化時發生的,所以我們可以在魔王的血量發生變化時去更新階段資訊就好。

這裡我們在魔王這個物件上註冊 health 事件,這樣一來,我們會在魔王血量發生異動時接收到通知,收到通知的同時,我們使用 check() 檢查階段是否產生變化:

```
    --enemy is hurt
    myEnemy:addEventListener("health", function(event)
        --logger:info(TAG, "HP Event: name:%s, phase:%s, crime:%s, damage:%s, hp:%s", event.name, event.phase, event.crime.name or "", event.damage, event.hp)
```

```
        phaseManager:check()

    end)
```

當然我們還必須要指定初始的階段，初始階段是魔王一開始所在的階段，會從這個階段前往到不同階段：

```
phaseManager:setCurrentPhase("stage1")
```

上述的例子中，我們定義了魔王的三個階段與每個階段間的連結方式，現在該是去實作每個階段的 action 的時候了，當 PhaseManager 進入到另一個階段時，便會執行該階段的 action，由於這裡註冊階段時，action 是使用 myEnemy 物件，我們必須在 myEnemy 定義三個階段的 action，並且函式名稱必須與當時註冊的階段名稱相同。

第一個階段 stage1，我們一次只能發射一個子彈，所以我們先設定了魔王預設使用的子彈，並且使用一個 timer 去定期的發射一個子彈。

```
    myEnemy:setDefaultBullet("bullets.Laser", {laserFrame = "Lasers/2"})
    function myEnemy:stage1()
        logger:info(TAG, "The boss is in stage1, shoot 1 bullet")
        --setup shoot
        self.preTimer = self:addTimer(1000,
            function()
                self:shoot({x = self.x , degree = self.dir, speed = 100 * gameConfig.scaleFactor})
            end
            , -1)
    end
```

第二個階段 stage2，與第一個階段類似，不同的是，我們必須將前一階段的 timer 停止，否則會發射多餘的子彈，這也是為什麼我們在第一階段要用 preTimer 將 timer id 記錄起來的原因，這樣我們才能在第二個階段使用 cancelTimer 取消該計時器。

```
function myEnemy:stage2()
    logger:info(TAG, "The boss is in stage2, shoot 2 bullet")
    self:cancelTimer(self.preTimer)
    self.preTimer = self:addTimer(1000,
        function()
            self:shoot({x = self.x + self.width/4 , degree = self.dir, speed = 100 * gameConfig.scaleFactor})
            self:shoot({x = self.x - self.width/4 , degree = self.dir, speed = 100 * gameConfig.scaleFactor})
        end
    , -1)
end
```

第三個階段就複雜了一點，因為我們要發射預設子彈外的子彈，所以我們使用參數 bulletClass 帶入這次要發射的子彈類別，和參數 bulletOptions 帶入該類別初始化需要的參數，並透過 onShoot 參數獲得子彈發射的事件，讓我們可以自己定義子彈發射的行為。除此之外，這裡還使用一個 counter 記錄目前發射的子彈次數，達到每發射兩發一般子彈才發射一發追蹤導彈的效果。

```
function myEnemy:stage3()
    local counter = 0
    logger:info(TAG, "The boss is in stage3, shoot 3 bullet, and a homing missile")
```

```lua
            self:cancelTimer(self.preTimer)
            self.preTimer = self:addTimer(1000,
                function()
                    counter = counter + 1
                    self:shoot({x = self.x + self.width/4 , degree = self.dir,
speed = 100 * gameConfig.scaleFactor})
                    self:shoot({x = self.x , degree = self.dir, speed = 100 *
gameConfig.scaleFactor})
                    if counter%2 == 1 then
                        self:shoot({
                            x = self.x , degree = self.dir, speed = 100 *
gameConfig.scaleFactor,
                            bulletClass = "bullets.Missile",
                            bulletOptions = {},
                            onShoot = function(bullet)
                                bullet:setScaleLinearVelocity(0, 200)
                                bullet:rotateTo(270)
                                move.seek(bullet, self.players[1])
                            end
                        })
                    end
                    self:shoot({x = self.x - self.width/4 , degree = self.dir,
speed = 100 * gameConfig.scaleFactor})
                end
            , -1)
        end
```

全部程式碼範例詳見專案：levels/myLevel/MyBoss.lua

● 使用自訂的魔王 (Boss)

(十二) 關卡設定

預設的無限模式中，遊戲會進行 10 次普通關卡，才會進入一次魔王關卡，如果你希望你的關卡能在無限模式中被當作為魔王關卡，就必須要在關卡建立時在選項中設定 isBossFight = true。以下的例子中，除了指定 isBossFight，也指定了 bg，為該關卡的預設背景因為，此為 0.986 版加入的功能。

```
local myLevel = Sublevel.new("9999999-086", "custom enemy", "author name", {isBossFight = true, bg = "bg"})
```

(十三) 引用

由於魔王只是比較強壯的敵人，本質上和敵人並無不同，所以引用方式和之前引用敵人的範例是一樣的。要注意的是，新增實體的方式，由於這個魔王會追蹤角色的行動，所以新增實體的函式中，我們讓它必須帶入玩家的實體：players。players 是所有的玩家，當開始雙人模式後，這個表格會包含兩個玩家的實體，分別為：players[1]、players[2]。反之，單人模式中只會有一個玩家實體：players[1]。

```
local MyEnemy = require("levels.myLevel.MyBoss")
--some codes...
local enemy = MyEnemy.new({players = self.players})
```

(十四) HP Bar

由於魔王血量眾多，我們會需要將魔王血量顯示在 Hp Bar 上，提示玩家目前遊玩的進度。建立一個 HP Bar 的方式非常簡單，本模板提供了基本的 HpBar UI：ui.HpBar。你只需要引用它並且創建一個新的 HP Bar 實體。其中參數 w、 h、numLifes、title 分別為 Hp Bar 的長、寬、血條數量、標題文字。

```
local HpBar = require("ui.HPBar")

-- some codes
    local hpBar = HpBar.new({
        w = gameConfig.contentWidth*0.88,
        h = gameConfig.contentWidth*0.1,
        numOfLifes = 3,
        title = "Boss2"
    })
```

新增完成之後，我們將它放到螢幕上方：

```
hpBar.x = gameConfig.contentWidth / 2
hpBar.y = hpBar.height * 0.6
```

並且設置初始的血量：

```
hpBar:update(enemy.hp , enemy.maxHp)
```

也記得要在魔王血量發生變動時更新血量表：

```
local function checkHPBar(event)
    if util.isExists(hpBar) then
        hpBar:update(enemy.hp, enemy.maxHp)
    end
end
--update hp bar when enemy is hurt
enemy:addEventListener("health", checkHPBar)
```

(十五) Hide/Show Score

由於螢幕上方需要顯示血量表,我們可以透過 Sublevel.game 控制器,暫時隱藏分數,除美觀之外,也避免玩家分心:

```
self.game:showScore(false)
```

也記得要在關卡結束時把分數顯示打開還原,不然下一關就看不到分數了:

```
self.game:showScore(true)
```

(十六) Warninig

注意魔王出現的時機,和一般敵人不同,魔王出現前會需要醞釀氣氛,而不是直接出現。所以我們會在魔王出現前顯示警告的訊息,當警告訊息過後,才出現魔王。我們可以直接呼叫 Sublevel 中的 showWarning 來顯示警告訊息:

```
function myLevel:show(options)
    self:showWarning({
        bg = "bg3",
        onComplete = function()
            self:initBoss()
        end
    })
end
```

其中 bg 為警告訊息過後才會播放的背景音樂資源名稱,目前提供的音效資源如下表:

資源	路徑
bg	sounds/Juhani Junkala [Retro Game Music Pack] Level 1.mp3
bg2	sounds/Juhani Junkala [Retro Game Music Pack] Level 2.mp3
bg3	sounds/Juhani Junkala [Retro Game Music Pack] Level 3.mp3
bg4	sounds/Juhani Junkala [Retro Game Music Pack] Ending.mp3

而 onComplete 則為警告訊息完成後會呼叫的函式，這裡我們呼叫 initBoss 來初始化我們的魔王，initBoss 是初始化魔王的地方，這裡我們先將魔王放置於螢幕外面，並透過 enemy.invincible = true 將我們的魔王設置成無敵，不然當魔王在螢幕外待命時被打成蜂窩就好笑了。接著透過給魔王一個速度並經過一段時間將魔王的速度設定為 0，這樣魔王便會過一段時間從螢幕外移動至螢幕內。當魔王移動到螢幕內後，將 enemy.invincible 設為 false，讓魔王可以受到傷害：

```
enemy.x = gameConfig.contentWidth/2
enemy.y = -enemy.height/2
enemy.invincible = true
--some codes..
enemy:setScaleLinearVelocity(0, 200)
enemy:addTimer(1000, function()
    enemy:setScaleLinearVelocity(0, 0)
    --When the enemy is ready, the player can hurt it
    enemy.invincible = false
    enemy:startAction()
end)
```

(十七) 結束條件

這裡的結束條件為：當 Boss 被打敗消失時即結束。和之前的結束條件不同的地方是，用到了另一個自己定義的變數 bossInited，這是因為在遊戲的一開始 Boss 並未出現，而是在警告訊息過後才出現的。所以我們透過一個額外的變數來確認 Boss 是否真的消失了，否則這個關卡會在一開始的時候便結束，陷入無限的迴圈。

```
function myLevel:isFinish()
    --print("isFinish!??")
    if not self.bossInited or util.isExists(self.enemy) then
        return false
    else
        return true
    end
end
```

由於該關卡可能會被重複執行，這裡選擇在 prepare() 內來進行每次 bossInited 變數的初始化：

```
function myLevel:prepare()
    self.bossInited = false
end
```

全部程式碼範例詳見專案：levels/myLevel/level_myboss.lua

(十八) 多部位敵人 (Multiple parts enemy)

你可能看過某些遊戲的敵人是由多個部位所組成的，像一個巨大的機器人魔王，你要分別摧毀它的不同部位：像是手、腳、頭等等，才算是擊敗它。

1. 建立一個多部位敵人

這邊提供一個簡單的方法讓你達成類似的功能，下面的例子中，我們將三個敵人當作部位零件組合起來，讓它變成一個比較大的敵人，當玩家將三個部位全部消滅，才算打敗這個組合起來的敵人。

由於 Corona SDK 物理引擎的限制，碰撞的物體必須在同一個群體 (Display Group) 中，所以我們在這個模組的建構式多一個參數 parent，傳入這個敵人存在的群體，將稍後新增的敵人加入同一個群體：

```
Enemy.new = function(parent, options)
    --...
end
```

首先我們先用敵人的模組來建立這個三個部位，並且賦予它們 100 點的血量：

```
local myEnemy1 = MyEnemy.new()
local myEnemy2 = MyEnemy.new()
local myEnemy3 = MyEnemy.new()

myEnemy1.hp = 100
myEnemy2.hp = 100
myEnemy3.hp = 100
```

記得將部位加入指定的群體：

```
parent:insert(object)
parent:insert(myEnemy1)
parent:insert(myEnemy2)
parent:insert(myEnemy3)
```

為了讓它們能一起移動，我們要建立一個這個組合敵人的核心，讓這三個部位以這個核心為基準點進行移動，這個核心不能被摧毀，所以我們使用不會跟任何其他物件碰撞的 GameObject 來實作它：

```
local object = GameObject.new(options)
local rect = display.newRect(0, 0, 100, 100)
rect.alpha = 0
object:insert(rect)
object:enablePhysics()
```

注意：這裡我們在核心物件中加入了一個完全透明的矩形，這樣啟動物理引擎的時候才能自動描繪出物理身體，有了物理身體，我們才能讓這個核心使用物理的方式移動。為了能讓其他部位能跟隨著核心移動，我們使用該核心中的 enterFrame ，在每幀的時候移動我們的將其他部位移動到正確的位置，注意：enterFrame 方法會在它的擁有者被回收時跟著一起被回收，你不會擔心它會一直留在遊戲中。

```
object.enterFrame:each(function()
    if util.isExists(myEnemy1) then
        myEnemy1.x = object.x + myEnemy1.width
        myEnemy1.y = object.y
    end
    if util.isExists(myEnemy2) then
        myEnemy2.x = object.x - myEnemy2.width
        myEnemy2.y = object.y
    end
    if util.isExists(myEnemy3) then
        myEnemy3.x = object.x
        myEnemy3.y = object.y
```

```
        end
    end)
```

　　除了讓各個部位可以一起移動，我們還要偵測三個部位的存活狀態，視情況判定這個組合起來的敵人是否死亡，所以我們在每個敵人註冊 health 事件，它會在敵人血量發生變化以及死亡時發出通知，且在每次有部位被摧毀時，使用 object:checkDead() 來確認這個組合型敵人是否死亡：

```
myEnemy1:addEventListener("health", function(evnet)
    if evnet.phase == "dead" then
        object:checkDead()
    end
end)

myEnemy2:addEventListener("health", function(evnet)
    if evnet.phase == "dead" then
        object:checkDead()
    end
end)

myEnemy3:addEventListener("health", function(evnet)
    if evnet.phase == "dead" then
        object:checkDead()
    end
end)
```

　　object:checkDead() 會去記錄每次死亡的次數，當死亡次數達到 3，代表所有部位被摧毀。當所有部位被摧毀的時候，摧毀核心並發出爆炸的特效。

```
object.deadCount = 0
function object:checkDead()
    self.deadCount = self.deadCount + 1
    if self.deadCount == 3 then
        local effect = Effect.new({
            time = 800
        })
        effect.x = self.x
        effect.y = self.y
        effect:start()
        self:clear()
    end
end
```

全部程式碼範例詳見專案：/levels/myLevel/MyMultipartEnemy

2. 使用這個敵人

使用這個敵人的方式和使用其他敵人模組大同小異，只是必須將該關卡存放物件的群體 (Display Group) 帶入，即是 self.view：

```
local MyEnemy = require("levels.myLevel.MyMultipartEnemy")
local enemy = MyEnemy.new(self.view)
```

另一點值得注意的是，我們並沒有將這個敵人的自動回收機制打開，因為該敵人的核心很小，使用自動回收機制的話，會在敵人還沒完全離開螢幕時就將敵人回收了。所以這邊讓敵人不斷的左右移動，除非敵人被摧毀，否則不會離開關卡。

這邊移動的方式比較透別，透過一個 timer 去累加數值，並根據該數值的不同設定不同的移動速度與方向：

```
enemy:addTimer(1000, function()
    count = count + 1
    self:moveMyEnemy(enemy, count)
end, -1)
```

在 count 每第二次發生變化的時候，改變移動方向，讓它可以左右移動：

```
function myLevel:moveMyEnemy(enemy, count)
    if count%4 == 0 then

    elseif count%4 == 1 then
        enemy:setScaleLinearVelocity(200, 0)
    elseif count%4 == 2 then

    elseif count%4 == 3 then
        enemy:setScaleLinearVelocity(-200, 0)
    end
    count = count + 1
end
```

全部程式碼範例詳見專案：levels/myLevel/level_multipart_enemy

九、子彈 (Bullet)
(一) 自訂子彈

1. 不可銷毀子彈

不可銷毀子彈不會因為其他的子彈而被摧毀，像是雷射。

(1) 建立子彈檔案

```lua
local Bullet = require("Bullet")

Laser.new = function(options)
    local laser = Bullet.new(options)
    return laser
end
return Laser
```

(2) 加入圖像

```lua
local sprite = Sprite["expansion-6"].new("Lasers/Rings/5")
laser:insert(sprite)
```

(3) 開啟物理引擎

```lua
laser:enablePhysics()
```

注意只要是 Bullet 類別創造出來的物件，都會開啟自動銷毀機制，所以你不用特別去處理用這個方式創造出來的子彈回收。

全部程式碼範例詳見專案：levels.myLevel.MyBullet.lua

2. 可銷毀子彈

可銷毀子彈會因為其他的子彈而被銷毀，如果這個子彈是敵人專用的，例如說：敵人發射的飛彈可以摧毀玩家，玩家的子彈也可以摧毀敵人的飛彈，我們可以透過一個技巧達成這樣的效果，即是把敵人當成是子彈發射出去：

(1) 建立子彈檔案

```lua
local Enemy = require("Enemy")
local MyBullet = {}
MyBullet.new = function(options)
    local bullet = Enemy.new(options)
    return bullet
end

return MyBullet
```

(2) 加入圖像

```lua
local sprite = Sprite.new("Missiles/2")
bullet:insert(sprite)
```

(3) 增加屬性

由於這個子彈其實是敵人，所以我們可以設定它的血量與分數資訊：

```lua
bullet.hp = 1
bullet.score = 1
```

(4) 開啟物理引擎並啟動自動銷毀機制

注意：用此種方式建立的子彈，本質是敵人，所以你要記得處理回收的機制：

```lua
bullet:enablePhysics()
bullet:autoDestroyWhenInTheScreen()
```

全部程式碼範例詳見專案：level.myLevel.MyDestructibleBullet.lua

3. 使用自訂的子彈

使用自訂的子彈只需要透過既有的發射子彈機制即可：

```
--myEnemy:setDefaultBullet("levels.myLevel.MyBullet")
myEnemy:setDefaultBullet("levels.myLevel.MyDestructibleBullet")
myEnemy:addTimer(1000,
    function()
        myEnemy:shoot({
            x = myEnemy.x + part1.width/2 ,
            degree = myEnemy.dir,
            speed = 500 * gameConfig.scaleFactor
        })
    end
, -1)
```

你也可以自行建立子彈的實體：

(1) 對敵人的子彈

```
local MyBullet = require("MyBullet")

local bullet = MyBullet.new({
    fireTo = "enemy"
    --fireTo = "enemy"
})
bullet.damage = 5

bullet:setScaleLinearVelocity(-500, 0)
```

(2) 對玩家的子彈

```lua
local MyBullet = require("MyBullet")

local bullet = MyBullet.new({
    fireTo = "character"
})

bullet.damage = 1

bullet:setScaleLinearVelocity(500, 0)
```

十、道具（Item）

(一) 須知事項

當道具被玩家取得時會依序執行以下的三個方法，其中 receiver 為道具獲得的對象，即是玩家，開發者可以透過重載這三個方法變更道具的效果：

1. visualEffect(receiver)

這個方法負責處理道具獲得時的視覺效果，預設為彈射出 5 個星星。

2. playGotSound(receiver)

這個方法負責處理道具獲得時的音效，預設音效為 sfx.scoreUp。

3. mentalEffect(receiver)

這個方法負責處理實際影響玩家的效果，預設並未實作此方法。

(二) 靜態屬性

透過直接指定道具的某些屬性，在道具被獲得的時候會直接影響玩家，屬性值的影響會跟著玩家，直到玩家死亡或遊戲結束，這些屬性這裡稱為道具的靜態屬性，分別為：

1. lifes

影響玩家的生命值，玩家的 lifes 並無設定預設上限，最低為 0。

2. power

影響玩家武器的威力，玩家的 power 最低為 0，最高為 5。

3. shootSpeed

影響玩家的射擊速度，玩家的 shootSpeed 最低為 0，最高為 5。

4. score

影響得分，玩家的 score 並無預設上限，最低為 0。

(三) 自訂道具

1. 建立道具檔案

先建立一個道具檔案，引用 Item.lua，並繼承它，以下是最精簡的道具範例：

```lua
local Item = require("Item")
local MyItem = {}

MyItem.new = function(options)
    local item = Item.new()
    return item
end

return MyItem
```

2. 新增道具圖像

上述的例子中我們並沒有指定任何的圖像，所以獲得的只是一個看不見得道具，這在遊戲中是沒有用處的，所以我們用 Sprite 來建立道具的圖像與玩家互動：

```
local sprite = Sprite["expansion-1"].new("Items/28")
item:insert(sprite)
```

3. 指定靜態屬性

　　靜態屬性可以快速的影響角色數值，注意數值為差值，下述例子中指定 score 為 50，life 為 1，代表玩家取得道具的時候，分數會加 50，生命值會增加 1，你也可以指定負值代表負面效果的道具。

```
item.score = 50
item.lifes = 1
```

4. 開啟物理引擎

　　別忘記開啟物理引擎，讓道具與玩家之間可以互相碰撞：

```
item:enablePhysics()
```

5. 角色死亡時是否掉落

　　你可以透過重寫 item:needKeep() 來決定道具是否要在角色死亡後掉落，回傳 false 代表不掉落，反之，道具會在角色死亡後掉落：

```
function item:needKeep(receiver)
    return false
end
```

如果不指定，只會在角色數值發生變化時才掉落該道具，目的是為了讓玩家撿回來，如下程式碼所示：

```
function item:needKeep(receiver)
    local result = receiver:testUpdateAttr(self)
    if result.change then
        return true
    end
    return false
end
```

receiver:testUpdateAttr() 會檢查獲得道具後屬性是否發生變化。這個檢查在許多時候是必要的，例如玩家不斷的取得增加 power 的道具，但由於玩家的 power 有上限，多餘的道具是不需要保留的。

6. 變化視覺效果

你可以透過覆寫 item:visualEffect 來改變獲得道具時的視覺效果，注意：由於 effect 也是顯示物件，你必須將它加入遊戲場景中，即是玩家所處的群體之中，所以下面的例子中才會使用 receiver.parent 獲得玩家所在的群體，並將特效加入其中：

```
function item:visualEffect(receiver)
    local effect = Effect.new({time = 700})
    effect.x = receiver.x
    effect.y = receiver.y
    if receiver.parent then
        receiver.parent:insert(effect)
    end
    effect:start()
end
```

如果你想保留舊的特效，可以透過以下的技巧將舊特效暫存起來：

```lua
item.oldVisualEffect = item.visualEffect
    function item:visualEffect(receiver)
        item:oldVisualEffect(receiver)
        local effect = Effect.new({time = 700})
        effect.x = receiver.x
        effect.y = receiver.y
        if receiver.parent then
            receiver.parent:insert(effect)
        end
        effect:start()
end
```

7. 播放自訂音效

你可以透過覆寫 item:playGotSound 播放自訂的音效：

```lua
function item:playGotSound(receiver)
    sfx:play("scoreUp")
end
```

8. 直接影響玩家

透過覆寫 item:mentalEffect 可以直接改變玩家的行為，這裡是示範如何張開玩家的護盾，openShield 中的第一個參數為護盾的張開時間（毫秒）。

```lua
function item:mentalEffect(receiver)
    receiver:openShield(3000)
end
```

全部程式碼範例詳見專案：levels.myLevel.MyItem.lua

(四) 使用道具檔案

使用自訂道具檔案的方式就與使用一般道具檔案相同，以下為關卡檔案，在其中新增一個敵人與一個道具，並在註解中介紹其他道具的使用方式。

全部程式碼範例詳見專案：levels.myLevel.level_custom_item.lua

十一、特效（Effect）

(一) 自訂特效

1. 建立特效檔案

首先我們要先建立一個特效的模組檔案，這個檔案引用 Effect 模組，並且必須要實作 effect:show() 的方法：

```lua
local Effect = require("Effect")
local MyEffect = {}
MyEffect.new = function(options)
    local effect = Effect.new(options)

    function effect:show()
    end

    return effect
end
return MyEffect
```

2. 新增特效動畫

這裡用像素風格的動畫風格，它位於 **pixel-effect** 的 spriteshhet 中，建立動畫的方式很簡單，我們只要使用 Sprite.newAnimation() 方法即可，其中 name 為該動畫的名稱，frames 則為影格，time 則為整體播放時間，loopCount 為重複播放的次數，當它為 0 時表示重複播放。新增完後將它加入特效中：

```lua
local sprite = Sprite["pixelEffect"].newAnimation({
    {
        name = "start",
        frames = {
            "2/1",
            "2/2",
            "2/3",
            "2/4",
            "2/5",
            "2/6",
        },
        time = 600,
        loopCount = 0
    }
})
self:insert(sprite)
```

3. 播放動畫

播放動畫要先設定要播放的動畫名稱，接著使用 sprite:play() 播放：

```lua
sprite:setSequence("start")
sprite:play()
```

4. 播放音效

如果特效有聲音，可以加入音效：

```
sfx:play("explosion2")
```

全部程式碼範例詳見專案：level.myLevel.MyEffect

5. 使用自訂的特效

要使用自訂的特效只需要將它引用，使用 `Effect.new()` 方法，帶入特效的持續時間以新增特效實體並加入場景之中。接著使用 `effect:show()` 方法播放特效，特效會在時間結束後自行回收，你不需要特別去處理特效的回收。

全部程式碼範例詳見專案：levels.myLevel.level_custom_effect

十二、物理（Physics）
（一）物理身體（Physics body）

Corona SDK 中預設的物理身體是方形，它的長寬取決於當下的顯示物件大小，有些時候，方形的物理身體無法滿足我們，像是形狀接近三角形的飛機會需要一個三角形的物理身體，更不用說其他更複雜的圖形了，在 Corona SDK 之中支援了不少物理身體形態，當然你也可以在本模板使用它們，它們分為：

1. 圓形身體 (Circular body)

透過 radius 半徑畫出圓形的物理身體。

```
enemy:setBody({radius = enemy.width/2*0.6})
```

2. 方形身體 (Rectangular body)

預設物理身體的進階版，你可以改變身體大小與位移。

```
enemy:setBody({
    box = {
        halfWidth = enemy.width/5,
        halfHeight = enemy.height/5,
        x = 0,
```

```
        y = enemy.height * 0.3,
        angle = 45,
    }
})
```

3. 凸多邊形身體（Polygon body）

　　直接帶入凸多邊形的點，注意：點的順序要是順時針而且不能用這個方法帶入凹多邊形。這邊用了一個迴圈去根據螢幕大小調整凸多邊形大小。

```
local pentagonShape =  { 0,-37, 37,-10, 23,34, -23,34, -37,-10 }

for i = 1, #pentagonShape do
    pentagonShape[i] = pentagonShape[i] * gameConfig.scaleFactor * 0.6
end

enemy:setBody({
   shape = pentagonShape
})
```

4. 邊線身體〔Edge shape (chain) body〕

　　邊線身體是一個沒有被填滿的邊線，你可以透過 connectFirstAndLastChainVertex 決定第一個點是不是要和最後一個點相連。

```
local chainPoints = { -120,-140, -100,-90, -80,-60, -40,-20, 0,0, 40,0, 70,-10, 110,-20, 140,-20, 180,-10 }
for i = 1, #chainPoints do
    chainPoints[i] = chainPoints[i] * gameConfig.scaleFactor * 0.6
end
```

```lua
enemy:setBody({
    chain = chainPoints,
    connectFirstAndLastChainVertex = true
})
```

5. Outline body

直接透過 graphics.newOutline 方法產生可以當作邊界參數的點。由於預設的邊線中心點不同，我們需要一個 for 迴圈去調整它。graphics.newOutline 的第一個參數決定邊線的完整程度，數字越小越完整，越影響效能；反之，邊線較不完整，效能較佳。

```lua
local outline = graphics.newOutline(50, Sprite["expansion-4"].getSheet(),
Sprite["expansion-4"].getFrameIndex("Ships/22"))

for i = 1, #outline do
    if i % 2 == 1 then
        outline[i] = outline[i] - enemy.width/2
    else
        outline[i] = outline[i] - enemy.height/2
    end
end
enemy:setBody({
    chain = outline,
    connectFirstAndLastChainVertex = true
})
```

注意：當你要重新調整物理身體大小時，必須要重啟該物件的物理引擎，以下例子將敵人的大小增加至兩倍，並重新調整其物理身體大小。

全部程式碼範例詳見專案：levels/myLevel/MyEnemyWithCustomPhysicsBody.lua

十三、裝備（Gear）

本模板允許玩家角色攜帶一個裝備，並且提供開發介面讓開發者可以自訂角色裝備，這裡的角色裝備即是環繞在角色周圍的物體，圖8-59中的角色攜帶了一個會輔助射擊的裝備，俗稱副砲。這裡我們會示範如何建立角色的副砲。

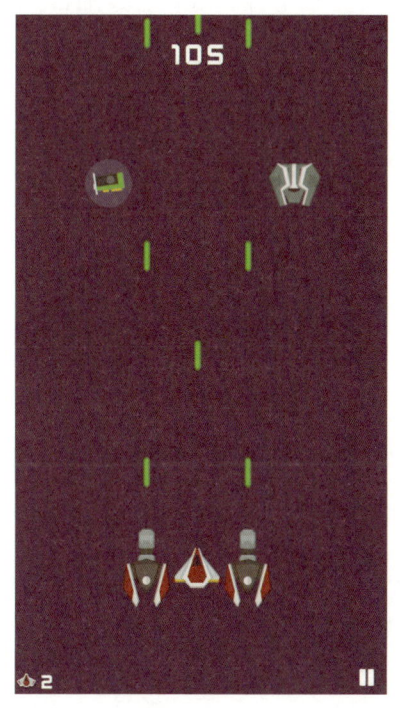

（圖8-59，有輔助射擊裝備的角色，朱彥銘提供）

(一) 建立裝備

1. 建立裝備實體

建立裝備實體必須引用裝備模組：Gear.lua：

```lua
local Gear = require("Gear")
```

並使用 Gear.new 方法建立裝備實體：

```lua
local myGear = Gear.new(options)
```

2. 設定裝備屬性

接著我們必須設定裝備的屬性：dir 是裝備指向的方向，如果你未來需要旋轉你的裝備，指定這個屬性會讓你方便許多。最重要的屬性是 gearId，gearId 是裝備的識別碼，相同的 gearId 會被模板當作是相同的裝備，由於這個模板目前限制角色只能有一個裝備，當角色取得和目前裝備識別碼不同的裝備時，會將目前的裝備卸下，換上新的裝備。

```lua
myGear.dir = 90
myGear.gearId = "myGear_123456"
```

3. 加入裝備圖像

不要忘記現在的裝備並沒有包含圖像，這裡我們加入兩個飛船當作是裝備中的砲管：

```lua
local gun1 = Sprite["expansion-4"].new("Ships/38")
local gun2 = Sprite["expansion-4"].new("Ships/38")
myGear:insert(gun1)
myGear:insert(gun2)
```

4. 定位裝備圖像

透過 options.receiver 我們可以取得獲得裝備的角色實體，透過角色實體我們可以定位裝備的圖像，讓槍管位於角色的兩方：

```
local receiver = options.receiver
gun1.x = -receiver.width
gun2.x = receiver.width
```

5. 設定裝備功能

由於裝備模組是繼承自敵人模組，它擁有敵人模組全部的方法，首先我們先設定裝備要發射的子彈：

```
myGear:setDefaultBullet("bullets.Laser")
```

並設定指彈發射的頻率，起始位置與速度，就如同我們在設置敵人子彈的時候一樣，讓然你也可以套用發射敵人子彈的經驗，換成是追蹤導彈等等：

```
myGear:addTimer(1000, function()
    myGear:shoot({
        x = myGear.x + receiver.width,
        degree = 90,
        speed = 100 * gameConfig.scaleFactor
    })
    myGear:shoot({
        x = myGear.x - receiver.width,
        degree = 90,
        speed = 100 * gameConfig.scaleFactor
    })
end, -1)
```

全部程式碼範例詳見專案：/levels/myLevel/MyGear.lua

(二) 穿上自訂裝備

建立好裝備後，我們要讓角色穿上它，這裡我們透過建立自訂道具的方式，在角色獲得道具的同時，穿上裝備：

```lua
function item:mentalEffect(receiver)
    receiver:addGear({
        gearClass = "levels.myLevel.MyGear",
        gearOptions = {

        },
        x = 0,
        y = 0
    })
end
```

要讓角色穿上裝備，必須使用角色中的 addGear() 方法，穿上的裝備會在角色死亡時自動脫落。gearClass 是裝備的模組，gearOptions 是裝備建立時的參數，x , y 則是裝備中心與角色中心的相對位置。

全部程式碼範例詳見專案：/levels/myLevel/MyGearItem.lua

養成做筆記的習慣，把生活上觀察的小事情記錄下來！
創意也跟著來囉～

國家圖書館出版品預行編目資料

創意實作─Maker 具備的 9 種技能 ⑧：遊戲 APP 開發入門 / 朱彥銘編. -- 1 版. -- 臺北市：臺灣東華, 2018.01

128 面；17x23 公分

ISBN 978-957-483-921-6 （第 1 冊：平裝）
ISBN 978-957-483-922-3 （第 2 冊：平裝）
ISBN 978-957-483-923-0 （第 3 冊：平裝）
ISBN 978-957-483-924-7 （第 4 冊：平裝）
ISBN 978-957-483-925-4 （第 5 冊：平裝）
ISBN 978-957-483-926-1 （第 6 冊：平裝）
ISBN 978-957-483-927-8 （第 7 冊：平裝）
ISBN 978-957-483-928-5 （第 8 冊：平裝）
ISBN 978-957-483-929-2 （第 9 冊：平裝）
ISBN 978-957-483-930-8 （全一冊：平裝）

創意實作─Maker 具備的 9 種技能 ⑧
遊戲 APP 開發入門

編　　者	朱彥銘
發 行 人	陳錦煌
出 版 者	臺灣東華書局股份有限公司
地　　址	臺北市重慶南路一段一四七號三樓
電　　話	(02) 2311-4027
傳　　真	(02) 2311-6615
劃撥帳號	00064813
網　　址	www.tunghua.com.tw
讀者服務	service@tunghua.com.tw
門　　市	臺北市重慶南路一段一四七號一樓
電　　話	(02) 2371-9320
出版日期	2018 年 1 月 1 版 1 刷

ISBN	978-957-483-928-5

版權所有・翻印必究